钢筋焊工培训读本

吴成材　纪怀钦　杨力列　编著
吴文飞　张显宗

中国建筑工业出版社

图书在版编目（CIP）数据

钢筋焊工培训读本/吴成材等编著. —北京：中国建筑工业出版社，2006
ISBN 7-112-08263-3

Ⅰ. 钢… Ⅱ. 吴… Ⅲ. 钢筋－焊接工艺－技术培训－教材 Ⅳ. TG457.11

中国版本图书馆 CIP 数据核字（2006）第 032862 号

钢筋焊工培训读本

吴成材　纪怀钦　杨力列　　编著
吴文飞　张显宗

*

中国建筑工业出版社出版、发行（北京西郊百万庄）
新 华 书 店 经 销
北京千辰公司制版
北京富生印刷厂印刷

*

开本：787×1092 毫米　1/32　印张：7⅛　字数：160 千字
2006 年 5 月第一版　　2006 年 9 月第二次印刷
印数：3001—6000 册　　定价：**15.00** 元
ISBN 7-112-08263-3
（14217）

版权所有　翻印必究
如有印装质量问题，可寄本社退换
（邮政编码 100037）

本社网址：http://www.cabp.com.cn
网上书店：http://www.china-building.com.cn

本书依据现行有关标准规范,专为建筑施工企业钢筋焊工编写。主要内容有:钢材和钢筋、钢筋电阻点焊、钢筋闪光对焊、箍筋闪光对焊、钢筋电弧焊、钢筋电渣压力焊、钢筋气压焊和氧气切割、预埋件钢筋埋弧压力焊、焊接质量检验与验收、焊工考试、电工基本知识和焊接安全技术等。

本书图文并茂,通俗易懂,实用性强,可作为施工企业培训钢筋焊工的辅导教材,也是年轻工人自学的最佳读本。

* * *

责任编辑:周世明
责任设计:董建平
责任校对:张树梅

前　言

钢筋焊接是钢筋混凝土结构施工中主要技术之一，提高钢筋焊工的操作技术水平，对于确保工程质量具有十分重要意义。现行行业标准《钢筋焊接及验收规程》(JGJ 18—2003) 中明确规定：(1) 从事钢筋焊接施工的焊工必须持有焊工考试合格证，才能上岗操作。(2) 钢筋焊工考试应包括理论知识考试和操作技能考试两部分。经理论知识考试合格后的焊工，方可参加操作技能考试。

现根据《钢筋焊接及验收规程》(JGJ 18—2003) 中规定理论知识考试的内容和要求，结合多年来对钢筋焊工培训经验，参考《钢筋连接技术手册》等有关书籍和资料，编写本书，共十二章。

箍筋闪光对焊是钢筋闪光对焊的一种特殊形式，是一项新工艺，有很多优点，在焊前准备和工艺参数等方面，与一般闪光对焊有所不同，故单列为第五章，予以介绍。该章由贵州省建设工程质量安全监督总站杨力列执笔。

近几年来，钢筋熔态气压焊发展很快，逐渐推广应用，取得良好技术经济效果；同时，氧气切割是施工现场常用的加工方法。为此，在第八章中分别给予介绍。

第十章焊接质量检验与验收，十分重要，主要内容均摘自规程 JGJ 18—2003，增加了小标题，格外醒目，应认真实施。

本书可作为钢筋焊工培训和自学之用，亦可作为广大施工技术人员使用参考。

由于编者水平有限，本书错误和不当之处，敬请批评指正。

主编
吴成材
2006年1月5日

目 录

第一章 绪论 1
  第一节 钢筋焊接技术 1
  第二节 焊工、材料和焊接工艺试验 3

第二章 钢材和钢筋 5
  第一节 钢材的性能 5
  第二节 钢筋的品种和生产 9
  第三节 钢筋的化学成分和力学性能 11
  第四节 进场钢筋复验 18

第三章 钢筋电阻点焊 21
  第一节 名词解释、特点和适用范围 21
  第二节 电阻点焊设备 22
  第三节 电阻点焊工艺 27
  第四节 钢筋焊点缺陷及消除措施 33

第四章 钢筋闪光对焊 35
  第一节 名词解释、特点和适用范围 35
  第二节 闪光对焊设备 36
  第三节 闪光对焊工艺 40
  第四节 钢筋闪光对焊异常现象、焊接
          缺陷及消除措施 54

第五章 箍筋闪光对焊 56
  第一节 名词解释、特点和适用范围 56

第二节　箍筋闪光对焊设备 ·················· 58
　　第三节　待焊箍筋加工 ······················ 60
　　第四节　箍筋闪光对焊工艺 ·················· 64
　　第五节　焊接质量控制与检验 ················ 66
第六章　钢筋电弧焊 ······························ 69
　　第一节　名词解释、特点和适用范围 ·········· 69
　　第二节　电弧焊设备 ························ 72
　　第三节　焊条 ······························ 86
　　第四节　电弧焊工艺 ························ 95
第七章　钢筋电渣压力焊 ························ 112
　　第一节　名词解释、特点和适用范围 ········· 112
　　第二节　电渣压力焊设备 ··················· 115
　　第三节　焊剂 ····························· 123
　　第四节　电渣压力焊工艺 ··················· 127
　　第五节　焊接缺陷及消除措施 ··············· 130
第八章　钢筋气压焊和氧气切割 ·················· 132
　　第一节　名词解释、特点和适用范围 ········· 132
　　第二节　气压焊设备 ······················· 135
　　第三节　氧气、乙炔和液化石油气 ··········· 151
　　第四节　固态气压焊工艺 ··················· 155
　　第五节　熔态气压焊工艺 ··················· 159
　　第六节　焊接缺陷及消除措施 ··············· 162
　　第七节　氧气切割 ························· 163
第九章　预埋件钢筋埋弧压力焊 ·················· 170
　　第一节　名词解释、特点和适用范围 ········· 170
　　第二节　埋弧压力焊设备 ··················· 172
　　第三节　埋弧压力焊工艺 ··················· 173

第四节 焊接缺陷及消除措施 ……………………… 175
第十章 焊接质量检验与验收 …………………………… 177
  第一节 一般规定 ……………………………………… 177
  第二节 钢筋焊接骨架和焊接网 ……………………… 179
  第三节 钢筋闪光对焊接头 …………………………… 181
  第四节 钢筋电弧焊接头 ……………………………… 182
  第五节 钢筋电渣压力焊接头 ………………………… 184
  第六节 钢筋气压焊接头 ……………………………… 185
  第七节 纵向受力钢筋焊接接头力学性能检验 ……… 186
  第八节 预埋件钢筋T形接头 ………………………… 188
第十一章 焊工考试 ………………………………………… 191
第十二章 电工基本知识和焊接安全技术 ………………… 196
  第一节 电工基本知识 ………………………………… 196
  第二节 焊接安全技术 ………………………………… 207
  第三节 焊接设备维护保养 …………………………… 211
附录A 纵向受力钢筋焊接接头检验批
  质量验收记录 ……………………………………… 214
附录B 钢筋焊工考试合格证 …………………………… 218
  主要参考文献 ………………………………………… 220

第一章 绪 论

第一节 钢筋焊接技术

一、钢筋焊接技术的发展与应用

随着国民经济和建设事业的迅速发展,各式各样的钢筋混凝土建筑物、构筑物大量建造,促使钢筋连接技术得到很快发展,新的科技成果得到推广应用,对保证工程质量、建筑节能和提高经济效益起到积极作用。

现行国家标准《混凝土结构设计规范》(GB 50010—2002)将钢筋连接分成两类:绑扎搭接;机械连接或焊接。

钢筋焊接技术自20世纪50年代开始逐步推广应用。近十几年来,焊接新材料、新方法、新设备不断涌现,工艺参数和质量验收方法、标准逐步完善和修正。钢筋焊接包括:钢筋电阻点焊、钢筋闪光对焊、钢筋电弧焊、钢筋电渣压力焊、钢筋气压焊、预埋件钢筋埋弧压力焊等6种方法。随着焊接技术的发展,钢筋焊接及验收技术规程不断修订修改,以适应和促进该项技术的创新和发展。我国于1965年制订钢筋焊接技术规程,1984年第一次修订,1996年第2次修订,2003年,新的现行行业标准《钢筋焊接及验收规程》

(JGJ 18—2003)发布实施。

在钢筋焊接方面，美国制订的国家标准《结构焊接规范—钢筋》(ANSI/AWSD1.4—98)中，应用最多的是手工电弧焊、半自动气体保护焊、粉芯焊丝电弧焊。接头形式有V形坡口、X形坡口对接焊、搭接焊、帮条焊等。

在俄罗斯国家标准《钢筋混凝土结构钢筋和预埋件焊接接头 全部技术条件》(ГОСТ 10922—90)中，规定的焊接方法甚多，有电阻点焊、闪光对焊及各种电弧焊等。

在德国国家标准《混凝土钢筋的焊接 施工与试验》(DIN 4099—1985)中，规定的焊接方法有：电弧焊、闪光对焊、气压焊、电阻点焊等。

在日本，钢筋气压焊应用十分广泛，制订的标准有：日本工业标准《钢筋混凝土用棒钢气压焊接头的检查方法》(JIS Z3120—1980)和《气压焊接技术检定的试验方法及判定标准》(JIS Z3881—1983)；此外，还有日本压接协会制订的《钢筋气压焊工程标准》(1985年修订版)。

二、提高焊接技术，确保工程质量

在钢筋混凝土建筑结构中，钢筋主要承受拉应力，钢筋焊接接头是钢筋构件的组成部分，钢筋焊接接头质量的好坏对整个工程质量起着十分重要的作用。钢筋施焊后，不久浇筑混凝土，这样，钢筋接头属于隐蔽工程，因此，控制好焊接接头质量显得格外重要。

焊工是完成钢筋焊接的直接实施者，焊工必须加强学习，提高基本理论知识，熟悉现行行业标准《钢筋焊接及验收规程》(JGJ 18—2003)，熟悉有关焊接设备的构造和使用，了解不同牌号钢筋的性能和其他焊接材料，掌握焊接工艺参数，提高操作技术，精心施焊，确保每一个接头的焊接质量；同时，还应了解有关电气设备安全使用技术，了解氧、乙炔、液化石油气等焊接材料安全使用知识，做到安全施工。

现场施工技术人员是结构工程施工的组织者和责任人，应熟悉和掌握钢筋焊接的有关理论和知识，做到正确领导，确保工程质量。

第二节　焊工、材料和焊接工艺试验

一、钢筋焊工持证上岗

从事钢筋焊接施工的焊工必须持有焊工考试合格证，才能上岗操作。

二、材料质量证明书和合格证

凡施焊的各种钢筋、钢板均应有质量证明书和复验合格报告；焊条、焊剂应有产品合格证。

三、焊接工艺试验

在工程开工正式焊接之前，参与该项施焊的焊工应进行现场条件下的焊接工艺试验，并经试验合格后，方可正式生产。试验结果应符合行业标准《钢筋焊接及验收规程》（JGJ 18—2003）有关规定。

思 考 题

1. 焊工掌握基本理论知识,提高焊接操作技术,有何重大意义?
2. 为什么钢筋焊工必须持证上岗?
3. 如何进行焊接工艺试验?

第二章 钢材和钢筋

第一节 钢材的性能

一、物理性能

1. 密度

单位体积钢材的重量(现称质量)为密度,单位为克/立方厘米(g/cm^3)。对于不同的钢材,其密度亦稍有不同。钢筋的密度按 $7.85g/cm^3$ 计算。

2. 可熔性

钢材在常温时为固体,当其温度升高到一定程度,就能熔化成液体,这叫做可熔性。钢材开始熔化的温度叫熔点。纯铁的熔点为1534℃。

3. 热膨胀性

钢材加热时膨胀的能力,叫热膨胀性。受热膨胀的程度,常用线膨胀系数来表示。

4. 导热系数

钢材的导热能力用导热系数来表示。工业上用的导热系数是以厚1cm的钢材,两面温差1℃,在1s内,每 $1cm^2$ 面积上由一面向另一面传导的热量来表示。

二、化学性能

1. 耐腐蚀性

钢材在介质的侵蚀作用下被破坏的现象,称为腐蚀。钢材抵抗各种介质(大气、水蒸气、酸、碱、盐)侵蚀的能力,称为耐腐蚀性。

2. 抗氧化性

有些钢材在高温下不被氧化而能稳定工作的能力,称为抗氧化性。

三、力学性能

钢材在一定的温度条件和外力作用下抵抗变形和断裂的能力称为力学性能。钢材力学性能主要包括:强度、延性(塑性)、硬度、韧性、疲劳性能等。其中,最常用的是,通过拉伸试验测定钢材的抗拉强度、屈服强度和伸长率。

1. 抗拉强度

现行国家标准《金属材料 室温拉伸试验方法》(GB/T 228—2002)中规定:

抗拉强度为相应最大力的应力:

$$R_m = \frac{F_m}{S_o}$$

式中　R_m——抗拉强度（N/mm²）;

　　　F_m——最大力（N）;

　　　S_o——原始横截面面积（mm²）。

按原国家标准《金属拉伸试验方法》(GB 228—87)中规定,其所采用的符号有所不同,如下:

$$\sigma_b = \frac{F_b}{S_o}$$

式中　σ_b——抗拉强度（N/mm²）；

　　　F_b——最大力（N）；

　　　S_o——原始横截面面积（mm²）。

2. 屈服强度

当金属材料呈现屈服现象时，在试验期间达到塑性变形发生而力不增加的应力点称为屈服强度。应区分上屈服强度和下屈服强度。

（1）上屈服强度

试样发生屈服而力首次下降前的最高应力。现行国家标准 GB/T 228—2002 中规定：

$$R_{eH} = \frac{F_{eH}}{S_o}$$

式中　R_{eH}——上屈服强度（N/mm²）；

　　　F_{eH}——试样发生屈服而首次下降前的力（N）；

　　　S_o——原始横截面面积（mm²）。

按原国家标准 GB 228—87 中规定，其所采用的符号有所不同，如下：

$$\sigma_{su} = \frac{F_{su}}{S_o}$$

式中　σ_{su}——上屈服点（N/mm²）；

　　　F_{su}——试样发生屈服而首次下降前的力（N）；

　　　S_o——原始横截面面积（mm²）。

（2）下屈服强度

在屈服期间，不计初始瞬时效应时的最低应力。现行国家标准 GB/T 28—2002 中规定：

$$R_{eL} = \frac{F_{eL}}{S_o}$$

式中 R_{eL}——下屈服强度（N/mm²）；

F_{eL}——在屈服期间，不计初始瞬时效应时的最低力（N）；

S_o——原始横截面面积（mm²）。

按原国家标准 GB 228—87 中规定，其所采用的符号有所不同，如下：

$$\sigma_{sL} = \frac{F_{sL}}{S_o}$$

式中 σ_{sL}——下屈服点（N/mm²）；

F_{sL}——在屈服期间，不计初始瞬时效应时的最低力（N）；

S_o——原始横截面面积（mm²）。

原国家标准规定：呈现屈服现象的金属材料，试样在试验过程中力不增加（保持恒定）仍能继续保持伸长时的应力称为屈服点（σ_s）。如力发生下降，应区分下、下屈服点。但有关标准或协议无规定时，一般只测定屈服点或下屈服点。

3. 断后伸长率

试件拉断后标距的残余伸长（$L_u - L_o$）与原始标距（L_o）之比的百分率称为断后伸长率。

$$A = \frac{L_u - L_o}{L_o} \times 100 \; (\%)$$

现行国家标准 GB/T 228—2002 中规定，对于比例试样，若原始标距为 $5.65\sqrt{S_o}$ [注：$5.65\sqrt{S_o} = 5\sqrt{\frac{4S_o}{\pi}}$]，符号 A 不附以下脚注；若原始标距不为 $5.65\sqrt{S_o}$，则符号 A 应附以下脚注说明所使用的比例系数，例如，$A_{11.3}$ 表示原始标距（L_o）为 $11.3\sqrt{S_o}$ 的断后伸长率。

原国家标准 GB 228—87 中规定,断后伸长率按下式计算:

$$\delta = \frac{L_1 - L_o}{L_o} \times 100$$

短、长比例试样的断后伸长率分别以符号 δ_5 和 δ_{10} 表示。

现行国家标准 GB/T 228—2002 中符号 A 替代原国家标准 GB 228—87 中符号 δ_5;$A_{11.3}$ 替代 δ_{10}。

四、工艺性能

弯曲性能:

钢材的弯曲试验是将试样绕一定直径的弯心进行弯曲,以测定钢材弯曲塑性变形的能力。在室温下进行弯曲试验称为冷弯试验。

现行国家标准《金属材料 弯曲试验方法》(GB/T 232—1999) 中规定,弯曲装置有:支棍式、V 形模具式、虎钳式、翻板式四种。在钢筋弯曲试验时,以采用支棍式弯曲装置为多。

第二节 钢筋的品种和生产

一、热轧钢筋

在建筑工程中应用最多的是热轧钢筋。热轧钢筋又分热轧光圆钢筋(牌号 HPB 235)和热轧带肋钢筋,牌号 HRB 335、HRB 400、HRB 500。这些钢筋,当直径较小时,以线材供应,在工地调直后使用;直径较大时,直条供应,在结构工程中常用作主筋。

该类钢筋大部分由氧气转炉冶炼,经不同表面形状的轧辊，在高温状态下（约 1200~850℃）轧制、切断，然后自然冷却而成。HRB 400 钢筋棒材如图 2-2-1 所示，盘条如图 2-2-2 所示。

图 2-2-1　HRB 400 钢筋棒材

图 2-2-2　HRB 400 钢筋盘条

二、低碳钢热轧圆盘条

在建筑工程中，低碳钢热轧圆盘条的用途也很广，调直后作箍筋；经冷拔后制成冷拔低碳钢丝；经冷轧后制成冷轧带肋钢筋。低碳钢热轧圆盘条按强度等级分，有 Q195、Q215、Q235 三个等级；若按化学成分不同，每一等级又有 A、B、C 之分。钢筋混凝土结构中常用的为 Q235。

低碳钢热轧圆盘条用钢主要是氧气转炉冶炼，高速线材轧机轧制而成。

第三节　钢筋的化学成分和力学性能

一、热轧带肋钢筋

现行国家标准《钢筋混凝土用热轧带肋钢筋》(GB 1499—1998) 中规定，热轧带肋钢筋的化学成分和碳当量（C_{eq}），应不大于表 2-3-1 规定的值。

热轧带肋钢筋化学成分　　　　表 2-3-1

牌号	化学成分（%）					
	碳 C	硅 Si	锰 Mn	磷 P	硫 S	碳当量 C_{eq}
HRB 335	0.25	0.80	1.60	0.045	0.045	0.52
HRB 400	0.25	0.80	1.60	0.045	0.045	0.54
HRB 500	0.25	0.80	1.60	0.045	0.045	0.55

该标准的附录中还列出了参考化学成分，见表 2-3-2；力学性能见表 2-3-3。

热轧带肋钢筋参考化学成分 表 2-3-2

牌号	原牌号	化学成分（%）						硫 P	磷 S
		碳 C	硅 Si	锰 Mn	钒 V	铌 Nb	钛 Ti	不大于	
HRB 335	20MnSi	0.17~0.25	0.40~0.80	1.20~1.60				0.045	0.045
HRB 400	20MnSiV	0.17~0.25	0.20~0.80	1.20~1.60	0.04~0.12			0.045	0.045
	20MnSiNb	0.17~0.25	0.20~0.80	1.20~1.60		0.02~0.04		0.045	0.045
	20MnTi	0.17~0.25	0.17~0.37	1.20~1.60			0.02~0.05	0.045	0.045

热轧带肋钢筋力学性能 表 2-3-3

牌号	公称直径（mm）	屈服强度 σ_s（MPa）	抗拉强度 σ_b（MPa）	伸长率 δ_5（%）	符号
		不小于			
HRB 335	6~25 28~50	335	490	16	Φ
HRB 400	6~25 28~50	400	570	14	Φ
HRB 500	6~25 28~50	500	630	12	

注：MPa 为兆帕，1 兆帕 = 1×10^6 帕，1Pa = $1N/m^2$，1MPa = $1N/mm^2$。

热轧带肋钢筋做弯曲试验时，按表 2-3-4 的弯心直径弯曲 180°后，钢筋受弯曲部位表面不得产生裂纹。

热轧带肋钢筋弯曲试验 表 2-3-4

牌号	公称直径 a（mm）	弯心直径
HRB 335	6~25 28~50	$3a$ $4a$

续表

牌　　号	公称直径 a（mm）	弯心直径
HRB 400	6~25 28~50	$4a$ $5a$
HRB 500	6~25 28~50	$6a$ $7a$

二、热轧光圆钢筋

热轧光圆钢筋的化学成分见表 2-3-5，力学性能和工艺性能见表 2-3-6。

热轧光圆钢筋化学成分　　　　表 2-3-5

钢筋牌号	钢材牌号	化　学　成　分　（%）					
		C	Si	Mn	P	S	C_{eq}
					不　大　于		
HPB 235	Q235	0.14~0.22	0.12~0.30	1.30~0.65	0.045	0.050	0.33

热轧光圆钢筋力学性能和工艺性能　　表 2-3-6

钢筋牌号	公称直径	力　学　性　能			工艺性能	符　号
		屈服点 σ_s (MPa)	抗拉强度 σ_b (MPa)	伸长率 δ_5 (%)	冷弯 d—弯芯直径 a—钢筋公称直径	
HPB 235	Q235	235	370	25	180　$d=a$	Φ

三、低碳钢热轧圆盘条

低碳钢热轧圆盘条的化学成分见表 2-3-7，力学性能和工艺性能见表 2-3-8。

低碳钢热轧圆盘条化学成分　　　表 2-3-7

牌号	化学成分（%）					脱氧方法
	C	Mn	Si	S	P	
				不大于		
Q215A	0.09~0.15	0.25~0.55	0.30	0.050	0.045	F.b.Z
Q215B	0.09~0.15	0.25~0.55	0.30	0.045	0.045	F.b.Z
Q215C	0.10~0.15	0.30~0.65		0.040	0.040	
Q235A	0.14~0.22	0.30~0.65		0.050	0.045	
Q235B	0.12~0.20	0.30~0.70	0.30	0.045	0.045	F.b.Z
Q235C	0.13~0.18	0.30~0.60		0.040	0.040	

注：1. Q为屈服点的屈字汉语拼音第1字母；
　　2. F—沸腾钢；b—半镇静钢；Z—镇静钢。

建筑用盘条力学性能和工艺性能　　　表 2-3-8

钢筋牌号	力学性能			工艺性能
	屈服点 σ_s (MPa)	抗拉强度 σ_b (MPa)	伸长率 δ_5 (%)	冷弯试验 180° d—弯芯直径 a—钢筋公称直径
Q215	215	375	27	$d=0$
Q235	235	410	23	$d=0.50a$

注：建筑用低碳钢热轧圆盘条的直径一般为 $\phi5.5 \sim \phi14mm$。

四、余热处理钢筋

余热处理钢筋的化学成分见表 2-3-9；力学性能和工艺性能见表 2-3-10。

余热处理钢筋化学成分　　　表 2-3-9

钢筋牌号	原材牌号	化学成分（%）				
		C	Si	Mn	P	S
					不大于	
RRB 400	20MnSi	0.17~0.25	0.40~0.80	1.20~1.60	0.045	0.045

余热处理钢筋力学性能和工艺性能　　表 2-3-10

钢筋牌号	公称直径(mm)	屈服点 σ_s (MPa)	抗拉强度 σ_b (MPa)	伸长率 δ_5 (%)	冷弯试验 d—弯芯直径 a—钢筋公称直径	符号
		不　小　于				
RRB 400	8~25 28~40	440	600	14	90° $d=3a$ 90° $d=4a$	ϕ^R

注：钢筋表面形状为月牙形肋。

五、冷轧带肋钢筋

冷轧带肋钢筋的外形为：横肋呈月牙形，有三面肋和二面肋两种。冷轧带肋钢筋分为 CRB 550、CRB 650、CRB 800、CRB 970、CRB 1170 五个牌号。CRB 550 为普通混凝土用钢筋，其他牌号为预应力混凝土用钢筋，钢筋公称直径为 $\phi4 \sim \phi12$mm，其力学性能和工艺性能见表 2-3-11，其所用盘条的参考牌号和化学成分见表 2-3-12。

冷轧带肋钢筋力学性能和工艺性能　　表 2-3-11

牌号	抗拉强度 σ_b (MPa) 不小于	伸长率 δ_{10} (%) 不小于	弯曲试验 180°	符号
CRB 550	550	8.0	$D=3d$	ϕ^R

注：表中 D 为弯心直径，d 为钢筋公称直径。

冷轧带肋钢筋用盘条的参考牌号和化学成分　　表 2-3-12

钢筋	盘条牌号	化　学　成　分　(%)					
		C	Si	Mn	V、Ti	S	P
CRB 550	Q215	0.09~0.15	≤0.30	0.25~0.55	—	≤0.050	≤0.045

六、钢筋中合金元素的影响

在钢中，除绝大部分是铁元素外，还存在很多其他元素。这些元素为：碳、硅、锰、钒、钛、铌等；此外，还有杂质元素硫、磷，以及可能存在的氧、氢、氮。

碳（C）：碳与铁形成化合物渗碳体，分子式 Fe_3C，性硬而脆。随着钢中含碳量的增加，钢中渗碳体的量也增多，钢的硬度、强度也提高，而塑性、韧性则下降，性能变脆，焊接性能也随之变坏。

硅（Si）：硅是强脱氧剂，在含量小于1%时，能使钢的强度和硬度增加；但含量超过2%时，会降低钢的塑性和韧性，并使焊接性能变差。

锰（Mn）：锰是一种良好的脱氧剂，又是一种很好的脱硫剂。锰能提高钢的强度和硬度；但如果含量过高，会降低钢的塑性和韧性。

钒（V）：钒是良好的脱氧剂，能除去钢中的氧，钒能形成碳化物碳化钒，提高钢的强度和淬透性。

钛（Ti）：钛与碳形成稳定的碳化物，能提高钢的强度和韧性，还能改善钢的焊接性。

铌（Nb）：铌作为微合金元素，在钢中形成稳定的化合物碳化铌（NbC）、氮化铌（NbN），或它们的固溶体 Nb(CN)，弥散析出，可以阻止奥氏体晶粒粗化，从而细化铁素体晶粒，提高钢的强度。

硫（S）：硫是一种有害杂质。硫几乎不溶于钢，它与铁生成低熔点的硫化铁（FeS），导致热脆性。焊接时，容易产生焊缝热裂纹和在热影响区出现液化裂纹，使焊接性能变坏。硫以薄膜形式存在于晶界，使钢的塑性和韧性下降。

磷（P）：磷亦是一种有害杂质。磷使钢的塑性和韧性下降，提高钢的脆性转变温度，引起冷脆性。磷还恶化钢的焊接性能，使焊缝和热影响区产生冷裂纹。

除此之外，钢中还可能存在氧、氢、氮，部分是从原材料中带来的；部分是在冶炼过程中从空气中吸收的。氧、氮超过溶解度时，多数以氧化物、氮化物形式存在。这些元素的存在均会导致钢材强度、塑性、韧性的降低，使钢材性能变坏。但是，当钢中含有钒元素时，由于氮化钒 VN 的存在，能起到沉淀强化、细化晶粒等有利作用。

碳当量（C_{eq}）：钢材的焊接性常用碳当量来估计。所谓碳当量法就是根据钢材的化学成分与焊接热影响区淬硬性的关系，粗略地评价焊接时产生冷裂纹的倾向和脆化倾向的一种估算方法。

碳当量的计算公式有很多，常用的碳当量计算公式如下：

$$C_{eq} = C + \frac{Mn}{6} + \frac{Cr + Mo + V}{5} + \frac{Ni + Cu}{15}$$

式中，右边各项中的元素符号表示钢材中化学成分元素含量（%）；公式左边 C_{eq} 为碳当量，单位也为百分比（%）。式中，Cr-铬，Mo-钼，V-钒，Ni-镍，Cu-铜。

七、钢丝及钢筋的公称横截面面积与理论重量

钢丝及钢筋的公称横截面面积与理论重量见表 2-3-13。

钢丝及钢筋公称横截面面积与理论重量 表 2-3-13

公称直径（mm）	公称横截面面积（mm²）	理论重量（kg/m）	公称直径（mm）	公称横截面面积（mm²）	理论重量（kg/m）
3	7.07	0.056	6	28.27	0.222
4	12.57	0.099	6.5	33.18	0.261
5	19.64	0.154	7	38.48	0.302
5.5	23.76	0.187	8	50.27	0.395

续表

公称直径 (mm)	公称横截面面积 (mm²)	理论重量 (kg/m)	公称直径 (mm)	公称横截面面积 (mm²)	理论重量 (kg/m)
9	63.62	0.499	22	380.1	2.98
10	78.54	0.617	25	490.9	3.85
12	113.1	0.888	28	615.8	4.83
14	153.9	1.21	32	804.2	6.31
16	201.1	1.58	36	1018	7.99
18	254.5	2.00	40	1257	9.87
20	314.2	2.47	50	1964	15.42

注：表中理论重量按钢材密度为 $7.85g/cm^3$ 计算。

第四节 进场钢筋复验

一、检验数量

按钢筋进场的批次和产品的抽样检验方案确定，每批重量不大于60t。

二、检验方法

检查钢筋产品合格证、出厂检验报告和进场复验报告。

三、热轧带肋钢筋力学性能复验项目

热轧带肋钢筋力学性能复验项目见表2-4-1。

热轧带肋钢筋力学性能复验项目 表 2-4-1

序 号	检验项目	取样数量	取样方法
1	拉伸试验	2	任选两根钢筋切取
2	弯曲试验	2	任选两根钢筋切取

注：拉伸、弯曲试验试样不允许进行切削加工。

四、热轧光圆钢筋、余热处理钢筋复验项目

热轧光圆钢筋和余热处理钢筋复验项目见表 2-4-2。

热轧光圆钢筋、余热处理钢筋力学性能复验项目 表 2-4-2

序 号	检验项目	取样数量	取选方法
1	拉伸试验	2	任选两根钢筋切取
2	冷弯试验	2	任选两根钢筋切取

五、低碳钢热轧圆盘条复验项目

低碳钢热轧圆盘条复验项目见表 2-4-3。

低碳钢热轧圆盘条复验项目 表 2-4-3

序 号	检验项目	取样数量	取样方法
1	拉伸试验	1	
2	冷弯试验	2	不同根

六、验收

1．各种进场钢筋复验时，其试样力学性能各项指标均应符合国家相关标准规定的要求。

2．试验结果，若有一个试样不合格，应取双倍数量试样进行复验。复验结果，仍有一个试样不合格，则该批钢筋

不得验收。

思 考 题

1. 热轧带肋钢筋有哪几种牌号？写出各牌号钢筋规定的屈服强度和抗拉强度。
2. 如何对进场热轧带肋钢筋进行复验？

第三章 钢筋电阻点焊

第一节 名词解释、特点和适用范围

一、名词解释

1. 钢筋电阻点焊

将两根钢筋安放成交叉叠接形式,压紧于两电极之间,利用电阻热熔化母材金属,加压形成焊点的一种压焊方法,是电阻焊的一种。

2. 熔合区

焊接接头一般由焊缝、熔合区、热影响区、母材四部分组成。熔合区是指焊缝与热影响区相互过渡的区域。

3. 热影响区

焊接或热切割过程中,钢筋母材因受热的影响(但未熔化),使金属组织和力学性能发生变化的区域。

热影响区又可分为过热区、正火区(又称重结晶区)、不完全相变区(不完全重结晶区)和再结晶区四部分。再结晶区只有在冷处理钢筋焊接时才存在。

钢筋焊接接头热影响区宽度主要决定于焊接方法,其次为热输入。当采用较大热输入,对不同焊接接头进行测定,其热影响区宽度如下:

(1) 钢筋电阻点焊焊点　0.5d；
(2) 钢筋闪光对焊接头　0.7d；
(3) 钢筋电弧焊接头　6～10mm；
(4) 钢筋电渣压力焊接头　0.8d；
(5) 钢筋气压焊接头　1.0d；
(6) 预埋件钢筋埋弧压力焊接头　0.8d。

注：d 为钢筋直径（mm）。

二、特点

混凝土结构中的钢筋焊接骨架和焊接网，宜采用电阻点焊制作。

在钢筋骨架和钢筋网中，以电阻点焊代替绑扎，可以提高劳动生产率，提高骨架和网的刚度，可以提高钢筋（丝）的设计计算强度，因此，宜积极推广应用。

三、适用范围

电阻点焊适用于 ϕ8～ϕ16mmHPB 热轧光圆钢筋、ϕ8～ϕ16mmHRB 335 和 HRB 400 热轧带肋钢筋、ϕ4～ϕ12mmCRB 550 冷轧带肋钢筋。

若不同直径钢筋（丝）焊接时，系指两根钢筋焊点中直径较小钢筋。

第二节　电阻点焊设备

用于钢筋电阻点焊的设备有很多种，主要有脚踏式点焊机、电动凸轮式点焊机、气压式点焊机、气压式点焊钳、八头点焊机、大型钢筋焊接网生产线设备等。现将气压式点焊机和大型钢筋焊接网生产线设备作一简单介绍。

一、气压式点焊机

气压式点焊机的气缸是加压系统的主要部件，由一个活塞隔开的双气室，可使电极产生这样一种行程：抬起电极、安放钢筋、放下电极、对钢筋加压，如图3-2-1所示。气压式点焊机有DN2-100A型、DN-375型、DN3-100型，目前应用较多的为DN2-100A型，其外貌如图3-2-2所示。

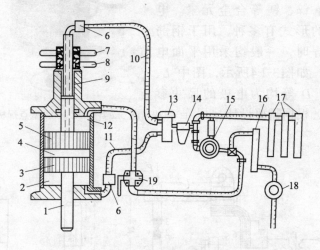

图3-2-1 气压式加压系统

1—活塞杆；2、4—下气室与中气室；5、3—上、下活塞；6—节流阀；
7—锁紧螺母；8—调节螺母；9—导气活塞杆；10、11—气管；12—上气室；
13—电磁气阀；14—油杯；15—调压阀；16—高压贮气筒；17—低压贮气筒；
18—气阀；19—三通开关

点焊机的焊接回路包括变压器次级绕组引出铜排7，连接母线6，电极夹3等，如图3-2-3所示。

23

电极用来导电和加压，并决定主要散热量，所以电极材料、形状、加工端面尺寸、冷却条件对焊接质量和生产率都有重大影响。电极采用铜合金制作。为了提高铜的高温强度、硬度和其他性能，可加入铬、镉、铍、铝、锌、镁等合金元素。电极的形式有多种，用于钢筋点焊时，一般均采用平面电极，如图3-2-4所示，图中 L、H、D 等均为电极的尺寸参数，根据需要设计。

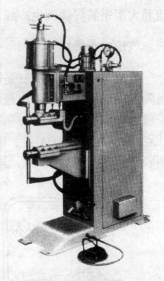

图3-2-2　DN2-100A型点焊机

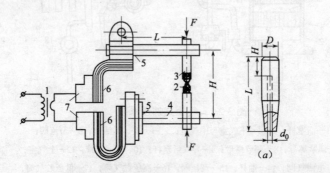

图3-2-3　焊接回路
1—变压器；2—电极；3—电极夹；4—机臂；
5—导电盖板；6—母线；7—导电铜排

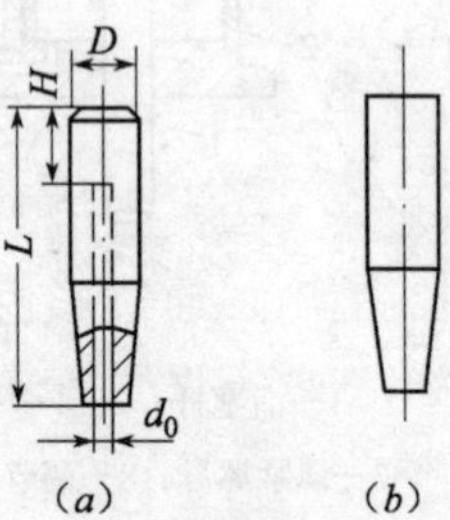

图3-2-4　点焊电极
(a) 锥形电极；
(b) 平面电极

二、大型钢筋焊接网生产线设备

大型钢筋焊接网具有很多优点，应用领域十分宽广，包括工业、民用高层建筑楼板、剪力墙面、地平、公路路面、桥面、飞机场跑道等。

国内生产钢筋焊接网生产线设备的工厂有若干家。中国建筑科学研究院建筑机械化分院生产的 GWC 系列生产线设备外貌如图 3-2-5 所示。该系列设备又有 3 种不同型号：GWC2050、GWC2600、GWC3300。现以 GWC3300 为例，介绍如下：

GWC3300 型钢筋网成型机又分成 2 种：GWC3300-R 和 GWC3300-P。前者纵向钢筋为定长直条上料，后者纵向钢筋为盘条上料。焊接网最大宽度 3300mm，焊接钢筋直径 $\phi 5 \sim \phi 12$mm，焊点数 32 个。若 32 个焊点一次焊接时，主机额定功率 1200 千伏安（kVA），若分三次焊接（因为焊接通电时间很短，肉眼分辨不出来），则主机额定功率为 600 千伏安。一台焊接变压器的二次回路（焊接回路）通过二个焊点，因此，配置 16 个点焊变压器。焊接加压方式为气动，空气工作压力为 ≥ 0.7MPa。整机采用计算机编程控制，通过彩色触摸式液晶显示屏可以观察并设定各工作参数，设置工作状态，具有故障自诊断功能。焊工在操作前，应学习并熟悉成型机的使用说明书，熟悉操作程序，正确施焊。

图 3-2-5 GWC 钢筋焊接网设备外貌

第三节 电阻点焊工艺

一、点焊工艺过程

电阻点焊过程可分为预压、加热熔化、冷却结晶三个阶段，如图 3-3-1 所示。

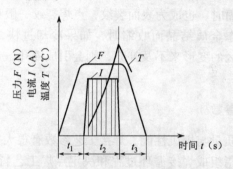

图 3-3-1 点焊过程示意图

t_1—预压时间；t_2—通电时间；t_3—锻压时间

预压阶段，在压力作用下，两根钢筋接触点的原子开始靠近，逐步消除一部分表面的不平和氧化膜，形成物理接触点。

加热熔化阶段，包括两个过程：在通电开始一段时间内，接触点面积扩大，固态金属因加热而膨胀，在焊接压力作用下，焊接处金属产生塑性变形，并挤向钢筋间缝隙中；继续加热后，开始出现熔化点，并逐渐扩大成所要求的核心尺寸时切断电流。

第三阶段冷却结晶，由减少或切断电流开始，至熔核完全冷却凝固后结束。

在加热熔化过程中，如果加热过急，往往容易发生飞溅，要注意调整焊接参数，飞溅使核心液态金属减少，表面形成深度压坑，影响美观，降低力学性能。当产生飞溅时，应适当提高电极压力，降低加热速度。

在冷却结晶阶段中，其熔核是在封闭塑性环中结晶，加热集中，温度分布陡，加热与冷却速度极快，因此当参数选用不当时，会出现裂纹、缩孔等缺陷。点焊的裂纹有核心内部裂纹，熔合区裂纹及热影响区裂纹。当熔核内部裂纹穿透到工件表面时，也成为表面裂纹，点焊裂纹一般都属于热裂纹。当液态金属结晶而收缩时，如果冷却过快，锻压力不足，塑性区的变形来不及补充，则会引成缩孔，这时就要调整参数。

二、点焊参数

点焊质量与焊机性能、焊接工艺参数有很大关系。焊接工艺参数指组成焊接循环过程和决定点焊工艺特点的参数，主要有焊接电流 I_w、焊接压力（电极压力）F_w、焊接通电时间 t_w、电极工作端面几何形状与尺寸等。

1. 当 I_w 很小时，焊接处不能充分加热，始终不能达到熔化温度，增大 I_w 后出现熔化核心，但尺寸过小，仍属未焊透。当达到规定的最小直径和压入深度时，接头有一定强度。随着 I_w 增加，核心尺寸比较大时，电流密度降低，加热速度变缓。当 I_w 增加过大时，加热急剧，就出现飞溅，产生缩孔等缺陷。

2. 改变电流通电时间 t_w，与改变 I_w 的影响基本相似，随着 t_w 的增加，焊点尺寸不断增加，当达到一定值时，熔核尺寸比较稳定，这种参数较好。

3. 电极压力 F_w 对焊点形成有双重作用。从热的观点看，F_w 决定工件间接触面各接点变形程度，因而决定了电流场的分布，影响着钢筋之间接触电阻 R_c 及电极与钢筋之间接触电阻 R_j 的变化。F_w 增大时，工件—电极间接触改善，散热加强，因而总热量减少，熔核尺寸减小。从力的观点看，F_w 决定了焊接区周围塑性环变形程度，压力增加，对防止裂纹、缩孔有一定帮助。

采用 DN3-75 型点焊机焊接 HPB 235 钢筋和冷拔低碳钢丝时，焊接通电时间和电极压力分别见表 3-3-1 和表 3-3-2。

采用 DN3-75 型点焊机焊接通电时间（s） 表 3-3-1

变压器级数	较小钢筋直径（mm）							
	3	4	5	6	8	10	12	14
1	0.08	0.10	0.12	—	—	—	—	—
2	0.05	0.06	0.07	—	—	—	—	—
3	—	—	—	0.22	0.70	1.50	—	—
4	—	—	—	0.20	0.60	1.25	2.50	4.00
5	—	—	—	—	0.50	1.00	2.00	3.50
6	—	—	—	—	0.40	0.75	1.50	3.00
7	—	—	—	—	—	0.50	1.20	2.50

注：点焊 HRB 335、HRB 400 钢筋或冷轧带肋钢筋时，焊接通电时间延长 20%~25%。

钢筋点焊时的电极压力（N） 表 3-3-2

较小钢筋直径（mm）	HPB 235 钢筋	HRB 335、HRB 400 钢筋，冷轧带肋钢筋
3	980~1470	
4	980~1470	1470~1960
5	1470~1960	1960~2450
6	1960~2450	2450~2940
8	2450~2940	2940~3430
10	2940~3920	3430~3920

续表

较小钢筋直径（mm）	HPB 235 钢筋	HRB 335、HRB 400 钢筋，冷轧带肋钢筋
12	3430~4410	4410~4900
14	3920~4900	4900~5880

4. 不同的 I_w 与 F_w 可匹配成以加热速度快慢为主要特点的两种不同参数：强参数与弱参数。

强参数是电流大、时间短，加热速度很快，焊接区温度分布陡、加热区窄、表面质量好、接头过热组织少，接头综合性能好，生产率高。只要参数控制较精确，而且焊机容量足够（包括电与机械两个方面），便可采用。但因加热速度快，如果控制不当，易出现飞溅等缺陷。所以，必须相应提高电极压力 F_w，以避免出现缺陷，并获得较稳定的接头质量。

当焊机容量不足，钢筋直径大，变形困难或塑性温度区过窄，并有淬火组织时，可采用加热时间较长、电流较小的弱参数。弱参数温度分布平缓，塑性区宽，在压力作用下易变形，可消除缩孔，降低内应力。图 3-3-2 为强、弱两种参数点焊时焊接区的温度分布示意图。

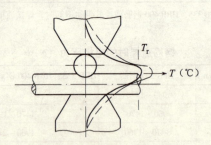

图 3-3-2 钢筋点焊时温度分布
——强参数；……弱参数
T_r—熔化温度

三、压入深度

一个好的焊点,从外观上,要求表面压坑浅、平滑,呈均匀过渡,表面无裂纹及粘附的铜合金。从内部看,熔核形状应规则、均匀,熔核尺寸应满足结构和强度的要求;熔核内部无贯穿性或超越规定值的裂纹;熔核周围无严重过热组织及不允许的焊接缺陷。

如果焊点没有缺陷,或者缺陷在规定的限值之内,那么,决定接头强度与质量的就是熔核的形状与尺寸。钢筋熔核直径难以测量,但可以用压入深度 d_y 来表示。所谓压入深度就是两钢筋(丝)相互压入的深度,如图 3-3-3 所示。其计算式如下:

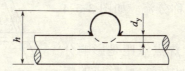

图 3-3-3 压入深度
d_y—压入深度;h—焊点钢筋高度

$$d_y = (d_1 + d_2) - h$$

式中 d_1——较小钢筋直径;
$\qquad d_2$——较大钢筋直径;
$\qquad h$——焊点钢筋高度。

行业标准《钢筋焊接及验收规程》(JGJ 18—2003)规定焊点压入深度应为较小钢筋直径的 18%~25%。

规定钢筋电阻焊点压入深度的最小比值,是为了保证焊点的抗剪强度;规定最大比值,对冷轧带肋钢筋,是为了保证焊点的抗拉强度,对热轧钢筋,是为了防止焊点压塌。

四、表面准备与分流

焊件表面状态对焊接质量有很大影响。点焊时,电流大、阻抗小,故次级电压低,一般不大于 10V。这样,工件上的油污、氧化皮等均属不良导体。在电极压力作用下,氧化膜等局部破碎,导电时改变了焊件上电流场的分布,使个别部位电流线密集,热量过于集中,易造成焊件表面烧伤或沿焊点外缘烧伤。清理良好的表面将使焊接区接触良好,熔核周围金属压紧范围也将扩大,在同样参数下焊接时塑性环较宽,从而提高了抗剪力。

点焊时不经过焊接区,未参加形成焊点的那一部分电流叫作分流电流,简称分流。如图 3-3-4 所示。

钢筋网片焊点点距是影响分流大小的主要因素。已形成的焊点与焊接处中心距离越小,分流电阻 R_f 就越小,分流电流 I_f 增加,使熔核直径 d_r 减小,焊点抗剪力降低。因此,在焊接生产中,要注意分流的影响。

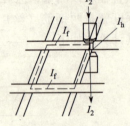

图 3-3-4 钢筋点焊时的分流现象
I_2—次级电流;
I_h—流经焊点焊接电流;
I_f—分流电流

五、钢筋多点焊

在钢筋焊接网生产中,宜采用钢筋多点焊机或大型钢筋焊接网生产线设备。这时,要根据网的纵筋间距调整好多点焊机电极的间距,注意检查各个电极的电极压力、焊接电流以及焊接通电时间等各项参数的一致,以保持各个焊点质量的稳定性。

六、电极直径

因为电极决定着电流场分布和 40% 以上热量的散失，所以电极材料、形状、冷却条件及工作端面的尺寸都直接影响着焊点强度。在焊接生产时，要根据钢筋直径选用合适的电极端面尺寸，见表 3-3-3，并经常保持电极与钢筋之间接触表面的清洁平整。若电极使用变形，应及时修整。安装时，上下电极的轴线必须成一直线，不得偏斜和漏水。

电极直径　　　　　　　　　　　表 3-3-3

较小钢筋直径（mm）	电极直径（mm）
3～10	30
12～14	40

第四节　钢筋焊点缺陷及消除措施

在钢筋点焊生产中，若发现焊接制品有外观缺陷，应及时查找原因，并且采取措施予以防止和消除，见表 3-4-1。

焊接制品的外观缺陷及消除措施　　表 3-4-1

项次	缺陷种类	产　生　原　因	消　除　措　施
1	焊点过烧	1. 变压器级数过高 2. 通电时间太长 3. 上下电极不对中心 4. 继电器接触失灵	1. 降低变压器级数 2. 缩短通电时间 3. 切断电源、校正电极 4. 调节间隙、清理触点
2	焊点脱落	1. 电流过小 2. 压力不够 3. 压入深度不足 4. 通电时间太短	1. 提高变压器级数 2. 加大弹簧压力或调大气压 3. 调整两电极间距离，符合压入深度要求 4. 延长通电时间

续表

项次	缺陷种类	产生原因	消除措施
3	钢筋表面烧伤	1. 钢筋和电极接触表面太脏 2. 焊接时没有预压过程或预压力过小 3. 电流过大	1. 清刷电极与钢筋表面的铁锈和油污 2. 保证预压过程和适当的预压力 3. 降低变压器级数

思 考 题

1. 什么叫"熔合区"？什么叫"热影响区"？当采用较大热输入时，钢筋焊点的热影响区宽度约为多少？
2. 电阻点焊过程分哪3个阶段？请绘出点焊过程示意图。
3. 钢筋点焊中常见缺陷有哪几种？如何消除？

第四章　钢筋闪光对焊

第一节　名词解释、特点和适用范围

一、名词解释

1. 钢筋闪光对焊

将两钢筋安放成对接形式，利用焊接电流通过两钢筋接触点产生的电阻热，使金属熔化，产生强烈飞溅、闪光，使钢筋端部产生塑性区及均匀的液体金属层，迅速施加顶锻力完成的一种压焊方法，是电阻焊的一种。

2. 热影响区宽度

见第三章第一节中名词解释。

二、特点

钢筋闪光对焊具有生产效率高、操作方便、节约能源、节约钢材、接头受力性能好、焊接质量高等很多优点，故钢筋的对接焊接宜优先采用闪光对焊。

三、适用范围

钢筋闪光对焊适用于 $\phi 8 \sim \phi 20$mmHPB 235 热轧光圆钢筋、$\phi 6 \sim \phi 40$mmHRB 335 和 HRB 400 热轧带肋钢筋、$\phi 10 \sim$

φ40mmHRB 500 热轧带肋钢筋、φ10～φ32mmRRB 400 余热处理钢筋、φ6～φ14mmQ235 低碳钢热轧圆盘条。

第二节 闪光对焊设备

钢筋闪光对焊机有手动杠杆式、电动凸轮式、气液压复合全自动式等多种。目前生产中应用的以手动杠杆式为多，例如，UN1-50 型、UN1-75 型、UN1-100 型，UN1 表示手动杠杆式对焊机，50、70、100 表示焊机额定容量为 50、75、100 千伏安（kVA）。

一、手动杠杆式对焊机构造

对焊机属电阻焊机的一种。对焊机由机架、导向机构、动夹具和固定夹具、送进机构、夹紧机构、支点（顶座）、变压器、控制系统几部分组成，如图 4-2-1 所示。

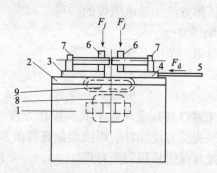

图 4-2-1 对焊机示意图

1—机架；2—导轨；3—固定座板；4—动板；5—送进机构；
6—夹紧机构；7—顶座；8—变压器；9—软导线

F_j—夹紧力；F_d—顶锻力

手动对焊机用的最为普遍,可用于连续闪光焊、预热闪光焊,以及闪光—预热闪光焊等工艺方法。

二、机架和导轨

在机架上紧固着对焊机的全部基本部件,机架应有足够的强度和刚性,否则,在顶锻时,会使焊件产生弯曲。机架常采用型钢焊成或用铸铁、铸钢制成,导轨是供动座板移动时导向用的,有圆柱形、长方形或平面形。

三、送进机构

送进机构的作用是使焊件同动夹具一起移动,并保证有必要的顶锻力,使动板按所要求的移动曲线前进。当预热时,能往返移动,没有振动和冲动。

手动杠杆式送进机构的作用原理与结构如图4-2-2所示。经由绕固定轴O转动的曲柄杠杆1和长度可调的连杆2所组成,连杆的一端与曲柄杠杆相铰接,另一端与动座板5相铰接。当转动杠杆1时,动座板即按所需方向前后移动。杠杆移动的极限位置由支点来控制。顶锻力随着α角的减小而增大(在$\alpha=0$时,即在曲柄死点上,它是理论上达到无限大)。当曲柄达到死点后,顶锻力的方向立即转变,可将已焊好的焊件拉断。所以不允许杠杆伸直到死点位置,一般限制顶锻终了位置为$\alpha=5°$左右。由限位开关3、4来控制,所以实际能发挥的最大顶锻力不超过$(3\sim4)\times10^4$N。这种送进机构的优点是结构简单;缺点是所发挥的顶锻力不够稳定,顶锻速度较小($15\sim20$mm/s),并易使焊工疲劳。UN1-75型对焊机的送进机构即为手动杠杆式。

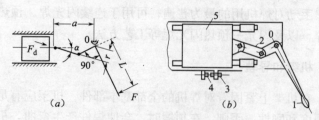

图 4-2-2 手动杠杆式送进机构
(a) 计算图解；(b) 杠杆传动机构

四、夹紧机构

夹紧机构由两个夹具构成，一个是固定的，称为静夹具；另一个是可移动的，称为动夹具。前者直接安装在机架上，与焊接变压器次级线圈的一端相接，但在电气上与机架绝缘；后者安装在动座板上，可随动座板左右移动，在电气上与焊接变压器次级线圈的另一端相连接。

常见夹具形式有手动偏心轮夹紧和手动螺旋夹紧两种。

五、对焊机焊接回路

对焊机的焊接回路一般包括电极、导电平板、次级软导线及变压器次级线圈，如图 4-2-3 所示。

焊接回路是由刚性和柔性的导线元件相互串联（有时并联）构成的导电回路，同时也是传递力的系统，回路尺寸增大，焊机阻抗增大，使焊机的功率因数和效率均下降。为了提高闪光过程的稳定性，要减少焊机的短路阻抗，特别是减少其中有效电阻分量。

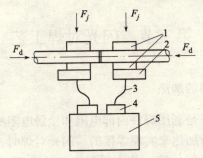

图 4-2-3 对焊机的焊接回路
1—电极；2—动板；3—次级软导线；4—次级线圈；5—变压器
F_j—夹紧力；F_d—顶锻力

对焊机的外特性决定于焊接回路的电阻分量，当电阻很大时，在给定的空载电压下，短路电流 I_2 急剧减小，是为陡降的外特性，如图 4-2-4 所示。当电阻很小时，外特性具有缓降的特点。对于闪光对焊要求焊机具有缓降的外特性比较适宜，因为闪光时，缓降的外特性可以保证在金属过梁的电阻减小时使焊接电流骤然增大，使过梁易于加热和爆破，从而稳定了闪光过程。

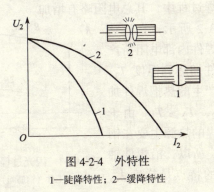

图 4-2-4 外特性
1—陡降特性；2—缓降特性

第三节 闪光对焊工艺

一、闪光对焊的加热

闪光对焊是利用焊件内部电阻和接触电阻所产生的电阻热对焊件进行加热来实现焊接的。闪光对焊时,焊件内部电阻可按钢筋电阻估算,其中某温度下的电阻系数 ρ 可根据闪光对焊时温度分布曲线的规律来确定。

闪光对焊过程中,在焊缝端面上形成连续不断的液体过梁(液体小桥),又连续不断地爆破,因而在焊缝端面上逐渐形成一层很薄的液体金属层。闪光对焊的接触电阻决定于端面形成的液体过梁,即与闪光速度以及钢筋截面有关,钢筋截面积越大,闪光速度越快,电流密度越大,接触电阻越小。

闪光对焊时,接触电阻很大,其电阻变化如图 4-3-1 所示。

闪光对焊过程中,其总电阻略有增加。

如图 4-3-2 所示,在连续闪光焊时,焊件内部电阻所产生的热把焊件加热到温度 T_1,接触电阻所产生的热把焊件加热到温度 T_2,$T_2 \geq T_1$。由于连续闪光对焊的热源主要在钢筋接触面处,所以,沿焊件轴向温度分布的特点是梯度大,曲线很陡。

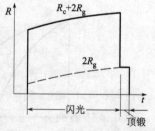

图 4-3-1 闪光过程的电阻变化
R_c—工件(钢筋间)接触电阻;
R_g—工件(钢筋)内部电阻

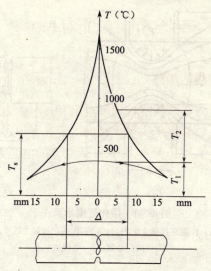

图 4-3-2 连续闪光对焊时，焊件温度场的分布

T_s—塑性温度；Δ—塑性温度区

二、闪光阶段

焊接开始时，在接通电源后，将两焊件逐渐移近，在钢筋间形成很多具有很大电阻的小接触点，并很快熔化成一系列液体金属过梁，过梁的不断爆破和不断生成，就形成闪光。图 4-3-3 为一个过梁的示意图，其中，(a) 为作用于过梁上的内力，(b) 为作用于过梁上的外力。

过梁的形状和尺寸由下述各力来决定。

(1) 液体表面张力 σ 在钢筋移近时力图扩大过梁的内径 d。

(2) 径向压缩效应力 P_y 力图将电流所通过的过梁拉断。

(3) 电磁引力 P_c 力图把几个过梁合并。

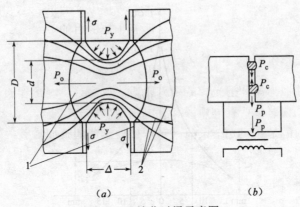

图 4-3-3　熔化过梁示意图
(a) 作用在过梁上的内力；(b) 作用在过梁上的外力
1—熔化金属；2—电流线

(4) 焊接回路的电磁力 P_p 使过梁爆破时以很高速度向与变压器相反方向飞溅出来。P_o 为 P_y 的轴线分力。

连续不断的闪光使焊接区温度逐渐均匀，它决定了顶锻前金属塑性变形的条件和氧化物夹杂的排除。

闪光的主要作用一是析出大量的热，加热工件；二是闪光微粒带走空气中的氧、氮，保护工件端面，免受侵袭。

三、预热阶段

当钢筋直径较粗，焊机容量相对较小时，应采取预热闪光焊。预热可提高瞬时烧化速度，加宽对口两侧的加热区，降低冷却速度，防止接头在冷却中产生淬火组织；缩短闪光时间，减少烧化量。

预热的方法有二种，即电阻预热和闪光预热。《规程》规定为电阻预热，系在连续闪光之前，将两根钢筋轻微接触数次。当接触时，接触电阻很大，焊接电流通过产生大量电阻热，使钢筋端部温度提高，达到预热的目的。

四、顶锻阶段

顶锻为连续闪光焊的第二阶段，也是预热闪光焊的第三阶段。顶锻包括有电顶锻和无电顶锻两部分。

顶锻是在闪光结束前，对焊接处迅速地施加足够大的顶锻压力，使液体金属及可能产生的氧化物夹渣迅速地从钢筋端面间隙中挤出来，以保证接头处产生足够的塑性变形而形成共同晶粒，获得牢固的对焊接头。

顶锻时，焊机动夹具的移动速度突然提高，往往比闪光速度高出十几倍至数十倍。这时接头间隙开始迅速减小，过梁断面增大而不易破坏，最后不再爆破。闪光截止，钢筋端面同时进入有电顶锻阶段，应注意的是：随着闪光阶段的结束，端头间隙内气体保护作用也逐渐消失，因为这时间隙尚未完全封闭，故高温下的接头极易氧化。当钢筋端面进一步移进时间隙才完全封闭，将熔化金属从间隙中排挤出对口外围，形成毛刺状。顶锻进行得愈快，金属在未完全封闭的间隙中遭受氧化的时间愈短，所得接头的质量愈高，焊缝表面圆滑。

如果顶锻阶段中电流过早的断开，则同顶锻速度过小时一样，使接头质量降低。这不但是因为气体介质保护作用消失，使间隙缓慢封闭时金属被强烈地氧化，另外，也因为端面上熔化金属已冷却，顶锻时氧化物难以从间隙中挤出而保留在结合面中成为缺陷。

顶锻中的无电流顶锻阶段，是在切断电流后进行，所需的单位面积上的顶锻力应保证把全部熔化了的金属及氧化物夹渣从接口内挤出，并使近缝区的金属有适当的塑性变形。

总之,焊接过程中的顶锻力作用如下:

(1) 封闭钢筋端面的间隙和火口;

(2) 排除氧化物夹渣及所有的液体,使接合面的金属紧密接触;

(3) 产生一定的塑性变形,促进焊缝再结晶的进行。

闪光对焊过程中,虽然在接头端面形成一层很薄的液体层,这是将液体金属排挤掉后在高温塑性变形状态下形成的。

五、闪光对焊工艺方法的选用

钢筋闪光对焊按工艺方法来分,可分为连续闪光焊、预热闪光焊、闪光—预热闪光焊 3 种,可根据具体情况选择。

当钢筋直径较小,钢筋牌号较低,在表 4-3-1 范围内,可采用"连续闪光焊";当钢筋直径较大、超过表 4-3-1 范围,端面较平整,宜采用"预热闪光焊";当端面不够平整,则应采用"闪光—预热闪光焊"。

1. 连续闪光焊

将工件夹紧在钳口上,接通电源后,使工件逐渐移近,端面局部接触,如图 4-3-4 (a)、(b) 所示;工件端面的接触点在高电流密度作用下迅速熔化、蒸发、爆破,呈高温粒状金属,从焊口内高速飞溅出来,如图 4-3-4 (c)。当旧的接触点爆破后又形成新的接触点,这就形成了连续不断地爆破过程,并伴随着工件金属的烧损,因而称之为烧化或闪光过程。为了保证连续不断地闪光,随着金属的烧损,工件需要连续不断地缓慢送进,即以一定的送进速度适应其焊接过程的烧化速度。工件经过一定时间的烧化,使其焊口达到所需的温度,并使热量扩散到焊口两边,形成一定宽度的温度区，在撞击式的顶锻压力 F_d 作用下，液态金属排挤在焊口之外，使工件焊合。由于热影响区较窄，故在结合面周围形成较小的凸起，如图 4-3-4（d）所示。

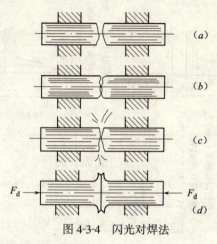

图 4-3-4 闪光对焊法

焊接工艺过程的示意图如图 4-3-5 所示。钢筋直径较小时，宜采用连续闪光焊。

2．预热闪光焊

在连续闪光焊前附加预热阶段，即将夹紧的两个工件，在电源闭合后开始以较小的压力接触，然后又离开，这样不断地断开又接触，每接触一次，由于接触电阻及工件内部电阻使焊接区加热，拉开时产生瞬时的闪光。经上述反复多次，接着温度逐渐升高形成预热阶段。焊件达到预热温度后进入闪光阶段，随后以顶锻而结束。钢筋直径较粗，并且端面比较平整时，宜采用预热闪光焊。

3．闪光—预热闪光焊

在钢筋闪光对焊生产中，钢筋多数采用钢筋切断机断料,端部有压伤痕迹,端面不够平整,这时宜采用闪光—预热闪光焊。

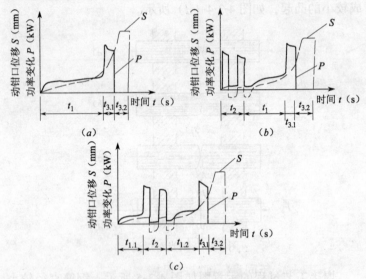

图 4-3-5 钢筋闪光对焊工艺过程图解
(a)连续闪光焊;(b)预热闪光焊;(c)闪光—预热闪光焊
t_1—烧化时间;$t_{1.1}$——次烧化时间;$t_{1.2}$—二次烧化时间;t_2—预热时间;
$t_{3.1}$—有电顶锻时间;$t_{3.2}$—无电顶锻时间

闪光—预热闪光焊就是在预热闪光焊之前,预加闪光阶段,其目的就是把钢筋端部压伤部分烧去,使其端面达到比较平整,在整个断面上加热温度比较均匀。这样,有利于提高和保证焊接接头的质量。

六、连续闪光焊的钢筋上限直径

连续闪光焊所能焊接的钢筋上限直径,应根据焊机容量、钢筋牌号等具体情况而定,见表 4-3-1。

连续闪光焊钢筋上限直径　　　　表 4-3-1

焊机容量（kVA）	钢　筋　牌　号	钢筋直径（mm）
160（150）	HPB 235 HRB 335 HRB 400 RRB 400	20 22 20 20
100	HPB 235 HRB 335 HRB 400 RRB 400	20 18 16 16
80（75）	HPB 235 HRB 335 HRB 400 RRB 400	16 14 12 12
40	HPB 235 HRB 335 HRB 400 RRB 400	10

七、不同牌号、不同直径钢筋的焊接

不同牌号的钢筋可以进行闪光对焊，接头的强度要求按较低牌号钢筋的强度计算。

不同直径的钢筋可以进行闪光对焊，焊接工艺参数的选择以较小直径钢筋的参数为基础，适当加大一些焊接电流或者闪光、预热的时间，接头的强度要求按较小直径钢筋的强度计算。

八、闪光对焊工艺参数

连续闪光焊的主要工艺参数有：调伸长度、焊接电流密度（常用次级空载电压来表示）、烧化留量、闪光速度、顶锻压力、顶锻留量、顶锻速度。

预热闪光焊工艺参数还包括预热留量。在闪光对焊中应合理选择各项工艺参数。留量图解见图 4-3-6 所示。

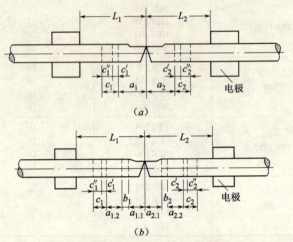

图 4-3-6 闪光对焊留量图解
(a) 连续闪光焊；(b) 闪光—预热闪光焊
L_1、L_2—调伸长度；$a_1 + a_2$—烧化留量；$a_{1.1} + a_{2.1}$—一次烧化留量；
$a_{1.2} + a_{2.2}$—二次烧化留量；$b_1 + b_2$—预热留量；$c_1 + c_2$—顶锻留量；
$c'_1 + c'_2$—有电顶锻留量；$c''_1 + c''_2$—无电顶锻留量

1. 调伸长度

调伸长度的选择，应随着钢筋牌号的提高和钢筋直径的加大而增长，尤其是在焊接 HRB 400、HRB 500 钢筋时，在不致产生旁弯的前提下，调伸长度应尽可能选择长一些。若长度过小，向电极散热增加，加热区变窄，不利于塑性变形，顶锻时所需压力较大；当长度过大时，加热区变宽，若钢筋较细，容易产生弯曲。

2. 烧化留量

烧化留量的选择应根据焊接工艺方法而定。连续闪光焊接时，为了获得必要的加热，烧化过程应该较长，烧化留量应等于两钢筋在断料时端面的不平整度加切断机刀口严重压伤部分，再加 8mm。

闪光—预热闪光焊时，应区分一次烧化留量和二次烧化留量。一次烧化留量等于两钢筋在断料时端面的不平整度加切断机刀口严重压伤部分，二次烧化留量不小于 10mm。

预热闪光焊时的烧化留量不小于 10mm。

当采用预热闪光焊时，以及电流密度较大时，会加快烧化速度。在烧化留量不变的情况下，提高烧化速度会使加热区不适当地变窄，所需焊机容量增大，并引起爆破后灭口深度的增加。反之，过小的烧化速度对接头的质量也是不利的。

3．预热留量

在采用预热闪光焊或闪光—预热闪光焊中，预热宜采用电阻预热法，预热留量 1～2mm，预热次数 1～4 次，每次预热时间 1.5～2.0s，间歇时间 3～4s。

预热温度太高或者预热留量太大，会引起接头附近金属组织晶粒长大，降低接头塑性；预热温度不足，会使闪光困难，过程不稳定，加热区太窄，不能保证顶锻时足够塑性变形。

4．顶锻留量

顶锻留量应为 4～10mm，随钢筋直径的增大和钢筋牌号的提高而增加，其中，有电顶锻留量约占 1/3。

焊接原 RL540（Ⅳ级）钢筋时，顶锻留量宜增大 30%（这种钢筋已很少见）。

顶锻速度越快越好，顶锻力的大小应足以保证液体金属和氧化物夹渣全部挤出。

5．变压器级数

变压器级数应根据钢筋牌号、直径、焊机容量、焊机新旧程度以及焊接工艺方法等具体情况选择，既要满足焊接加热的要求，又能获得良好的闪光自保护效果。

闪光对焊的电流密度通常在较宽范围内变化。采用连续闪光焊时，电流密度取高值，采用预热闪光焊，取低值。实际上，在闪光阶段焊接电流并不是常数，而是随着接触电阻的变化而变化。在顶锻阶段，电流急剧增大。在生产中，一般是给出次级空载电压 U_{20}。焊接电流的调节也是通过改变次级空载电压，即改变变压器级数来获得。因为 U_{20} 愈大，焊接电流也愈大。比较合理的是，在维护闪光稳定、强烈的前提下，采用较小的次级空载电压。不论钢筋直径的粗细，一律采用高的次级空载电压是不适当的。

九、获得优质接头的条件和操作要领

闪光对焊时，接头的温度分布较陡，加热区比较窄。如果焊接参数选择适当，在顶锻时能将全部液态金属和氧化物夹渣挤出来，能获得优质接头。如果焊接参数不当，液态金属残留在焊口内，接头结晶后就可能产生夹渣、疏松组织等焊接缺陷。

当过梁爆破时，加热到高温的金属微粒被强烈氧化，使间隙中氧的含量降低。另外，过梁爆破所造成的高压也使空气难以进入间隙，这对减少氧化物夹渣都是有利的。对钢筋而言，因为碳的烧损，使间隙内氧的含量减少，并在接头周围的大气中生成 CO、CO_2 保护气体。当闪光过程不稳定时（闪光阶段的稳定指金属微粒爆破的连续，即闪光时不能中断，更不能短路），如闪光速度与钢筋移近速度不相适应时，就会破坏上述保护条件，影响接头质量。实践证明，闪光过程中，闪光的间断并不影响钢筋的加热和温度的均匀，关键是，应控制好闪光后期至顶锻开始这一瞬间，闪光应强烈，而不得中断。

闪光过程中，金属中元素与氧化合产生挥发性气体时，对防止氧化是有利的。但实际上，在闪光过程中绝对防止氧化是困难的。为了保证接头中无氧化物，主要是在顶锻过程中能否将对口中的氧化物全部挤出来。

若产生的氧化物是低熔点的，如氧化铁 FeO，其熔点为 1370℃，比低碳钢的熔点低，顶锻时液态金属虽已凝固，但只要氧化物还有流动性，便可以从对口中排挤出来。

若产生的是高熔点氧化物，如二氧化硅 SiO_2、三氧化二铝 Al_2O_3 等，必须在熔化金属还处在熔化状态时，方有条件将氧化物排挤出去。因此，焊接操作时，顶锻速度要快而有力。

简单地讲，钢筋闪光对焊的操作要领是：

（1）在焊接前，钢筋端部要正直、除锈，安装钢筋要放正、夹牢。

（2）在焊接中，闪光要强烈，特别是顶锻前一瞬间；钢筋较粗时，预热要充分；顶锻时一定要快而有力。

十、HRB 400 钢筋、HRB 500 钢筋闪光对焊试验

首钢总公司技术研究院对 HRB 400、HRB 500 钢筋进行了闪光对焊的试验研究。

HRB 400 钢筋有三种规格：$\phi25$、$\phi32$、$\phi36$，每种规格钢筋采用大、中、小三种不同焊接能量进行焊接，见表 4-3-2。设备采用 UN1-100 型对焊机，焊接变压器采用第八级数进行焊接。

预热闪光焊焊接参数 表 4-3-2

钢筋直径(mm)	组号	预热留量(mm)	闪光时间(s)	有电顶锻留量(mm)	无电顶锻留量(mm)
25	1	3	15	3	4
	2	6	15	3	4
	3	7	15	3	4
32	1	5	15	3	4
	2	7	15	3	4
	3	9	15	3	4
36	1	6	15	3	4
	2	8	15	3	4
	3	10	15	3	4

试验结果表明，闪光对焊接头的力学性能整体上均很好，ϕ25mm 钢筋接头 3 组试件，共 9 根拉伸试件和 9 根弯曲试件均合格，说明 ϕ25mm 钢筋对于闪光对焊有良好的焊接适应性。

ϕ32mm 钢筋接头拉伸试件中，有 3 根断于焊缝，其中 1 根强度为 540MPa，未达到规定抗拉强度，考虑是焊工操作失误所致，其余 8 根抗拉强度均合格；冷弯试验结果，9 根试件均完好。

ϕ36mm 钢筋接头试件中，9 根拉伸试件全部断于母材，合格；但在冷弯试验中，有 3 根试件弯至 45°左右断裂。

总之，首钢生产的 HRB 400 钢筋（ϕ25、ϕ32、ϕ36）均适合采用闪光对焊进行焊接。

此外，还对钢筋闪光对焊接头试件纵剖面进行维氏硬度检验、宏观观察及微观金相分析。

目前，在工程中，已经广泛采用 HRB 400 钢筋闪光对焊。

HRB 500 钢筋闪光对焊试验时采用钢筋规格有 2 种：ϕ18mm 和 ϕ25mm。

焊接试验使用 UN1-100 型手动杠杆式对焊机。ϕ25 钢筋采用 2 种工艺：

(1) 闪光—预热闪光焊，共 2 组，编号 01、03，其中 1 组钢筋端面较平整，另 1 组钢筋端面极不平整；(2) 预热闪光焊，编号 02。

ϕ18mm 钢筋亦为 3 组，采用 2 种工艺：(1) 2 组为连续闪光焊，编号 05、06；(2) 1 组为预热闪光焊，编号 04。工艺参数见表 4-3-3。

HRB 500 钢筋闪光对焊工艺参数 表 4-3-3

编号	规格 (mm)	调伸长度 (mm)	预热留量 (mm)	烧化留量 (mm)	闪光速度 (mm/s)	顶锻留量 (mm)	顶锻压力 (kN)	变压器级数
01	25	40	5	10	1.5	12	40	8
02	25	40	5	10	1.5	12	40	8
03	25	45	5	15	1.5	12	40	8
04	18	25	5	8	1.5	8	40	8
05	18	25	—	8	1.5	8	40	8
06	18	25	—	8	1.5	8	40	8

钢筋焊接接头试件共 6 组，每组 6 根，其中 3 根做拉伸试验，3 根做弯曲试验。试验结果全部合格，见表 4-3-4。

HRB 500 级钢筋闪光对焊接头拉伸、弯曲试验 表 4-3-4

编号	规格 (mm)	抗拉强度 (MPa)	断 裂 位 置	冷弯 ($d=7a$, 90°)
01	25	720　715　720	母材　母材　母材	合格
02	25	710　715　725	母材　母材　母材	合格

续表

编号	规格(mm)	抗拉强度(MPa)	断 裂 位 置	冷弯($d=7a$, 90°)
03	25	700　695　695	母材　母材　母材	合格
04	18	175　695　650	母材　母材　母材	合格
05	18	690　695　700	母材　母材　母材	合格
06	18	705　700　695	母材　母材　母材	合格

注：a 为钢筋公称直径；d 为弯心直径。

此外，还做了接头金相分析，维氏硬度测定，均未见异状。上述试验表明，HRB 500 钢筋闪光对焊性能良好，今后有一定发展前途。

第四节　钢筋闪光对焊异常现象、焊接缺陷及消除措施

在闪光对焊生产中，应重视焊接过程中的任何一个环节，以确保焊接质量。若出现异常现象或焊接缺陷，应参照表 4-4-1 查找原因，及时消除。

闪光对焊异常现象、焊接缺陷及消除措施　　表 4-4-1

项次	异常现象和焊接缺陷	消 除 措 施
1	烧化过分剧烈并产生强烈的爆炸声	1. 降低变压器级数 2. 减慢烧化速度
2	闪光不稳定	1. 消除电极底部和内表面的氧化物 2. 提高变压器级数 3. 加快烧化速度

续表

项次	异常现象和焊接缺陷	消除措施
3	接头中有氧化膜、未焊透或夹渣	1. 增加预热程度 2. 加快临近顶锻时的烧化速度 3. 确保带电顶锻过程 4. 加快顶锻速度 5. 增大顶锻压力
4	接头中有缩孔	1. 降低变压器级数 2. 避免烧化过程过分强烈 3. 适当增大顶锻压力
5	焊缝金属过烧	1. 减小预热程度 2. 加快烧化速度,缩短焊接时间 3. 避免过多带电顶锻
6	接头区域裂纹	1. 检验钢筋的碳、硫、磷含量,若不符合规定时,应更换钢筋 2. 采取低频预热方法,增加预热程度
7	钢筋表面微熔及烧伤	1. 消除钢筋被夹紧部位的铁锈和油污 2. 消除电极内表面的氧化物 3. 改进电极槽口形状,增大接触面积 4. 夹紧钢筋
8	接头弯折或轴线偏移	1. 正确调整电极位置 2. 修整电极钳口或更换已变形的电极 3. 切除或矫直钢筋的弯头

思 考 题

1. 钢筋闪光对焊的特点是什么?
2. 闪光对焊工艺方法分哪3种?如何选用?
3. 钢筋闪光对焊的操作要领是什么?

第五章 箍筋闪光对焊

第一节 名词解释、特点和适用范围

一、名词解释

1. 箍筋闪光对焊

将环形待焊箍筋的两个端头,在闪光对焊机上安放成对接形式,利用电阻热使接触点金属熔化,产生强烈飞溅,形成闪光,使箍筋端头产生塑性区及均匀的液体金属层,迅速施加顶锻力完成封闭箍筋的一种压焊方法。封闭箍筋在梁、柱骨架中的应用如图 5-1-1 所示。

2. 电流分流现象

是封闭环式箍筋闪光对焊时的电流特性,有部分焊接电流通过环状钢筋流过,产生电流分流 20%～50%,造成无功能耗。

3. 待焊箍筋

用调直钢筋按箍筋内净空尺寸和角度要求弯曲而成,两个端面垂直于钢筋轴线,且相互对正。

4. 成品箍筋

将待焊箍筋经闪光对焊,形成封闭环式对焊箍筋。

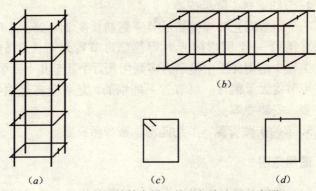

图 5-1-1 封闭箍筋在梁、柱骨架中应用示意图
(a) 柱钢筋骨架（闪光对焊箍筋）；(b) 梁钢筋骨架（闪光对焊箍筋）；
(c) 弯钩箍筋；(d) 闪光对焊箍筋

二、箍筋闪光对焊的优点

采用闪光对焊的封闭环式箍筋与传统的弯钩箍筋相比，有很多优点。

1. 质量可靠

(1) 采用闪光对焊箍筋，能准确控制钢筋混凝土梁和柱多排纵向受力主筋的设计位置，确保梁、柱的承载力。

(2) 有利于梁、柱节点处钢筋、箍筋的安装和位置准确；

(3) 有利于混凝土的灌筑和捣固质量控制。

2. 提高工效

方便施工，提高梁、柱安装工效 1.3～1.5 倍以上，缩短工期。

3. 焊接速度快

一个熟练焊工，每个工日可焊接直径 8～10mm 的封闭箍筋 700～1200 个；可焊直径 12mm 封闭箍筋 300～500 个。

4. 节约钢材，降低成本

一个矩形闪光对焊箍筋可节省钢筋长度 $24\sim26d$（d 为箍筋直径）。一个圆形闪光对焊箍筋可节省钢筋长度 $61d$。一个工程少则用几千个箍筋，多则用几万个甚至几十万个箍筋，可节省大量钢材。每节省一吨钢筋，还可节省运输费、加工费、安装费等。

5. 节约矿藏资源、节约能源、减少污染。

三、适用范围

闪光对焊箍筋的对焊接头经抗拉强度检验合格，能完全满足各种受压、偏心受压、受弯、受剪、受扭箍筋要求，能提高混凝土结构的抗震可靠性和安全度。

闪光对焊箍筋适用于房屋建筑工程、市政桥梁工程、公路、铁路桥梁工程、水利、港口工程的混凝土结构工程。

第二节 箍筋闪光对焊设备

箍筋闪光对焊机外形如图 5-2-1 所示。该对焊机的构造基本与第四章第二节所述闪光对焊设备相同，但闪光对焊箍筋的对焊机夹紧机构与普通钢筋闪光对焊机不同：它是带有偏心轮和升降调节器组成的杠杆，当箍筋端头伸进夹具后，拉下杠杆，箍筋被直接压紧，松开杠杆，箍筋就被松开。这种夹紧机构操作方便，效率比螺旋夹紧机构高数倍。

箍筋闪光对焊机技术性能见表 5-2-1。

箍筋闪光对焊时的特点是，存在焊接电流的分流现象。

为此，必须采用功率较大的对焊机，或者适当增大变压器的级数。

图 5-2-1 箍筋闪光对焊机外形

箍筋闪光对焊机技术性能　　　表 5-2-1

型号 数据	UN1-40	UN1-50	UN1-75	UN1-100
初级电压（V）	380	380	380	380
负载持续率（%）	20~35	20~35	20~35	20~35
额定容量（kVA）	40	50	75	100
额定初级电流（A）	104	135	197	263
箍筋最大焊接直径（mm）	10	14	18	22
调节级数（级）	3	4	8	8
次级空载电压（V）	3.5~5.0	3.55~6.34	3.52~7.04	4.22~8.44
最大送料行程（mm）	40	40	40	40
冷却水耗损量（L/h）		300	450	450

第三节 待焊箍筋加工

一、待焊箍筋加工工艺

待焊箍筋必须保持对焊点的弹性压力。如果待焊箍筋的两端头在夹紧前就是分开状态,即使焊接完成,在对焊接头处仍会存在弹性拉力,如图 5-3-1 所示。控制不好会使尚未冷却的对焊接头的液态金属受拉,出现爆花状对焊接头,形成脆断,如图 5-3-2 所示。主要原因是箍筋的四个角中有一个或两个角度 $\geqslant 90°$。这种情况在箍筋直径较大、箍筋边长较短时比较明显,因此,箍筋闪光对焊点必须保持一定的弹性压力。严禁出现待焊箍筋两端头分开情况。

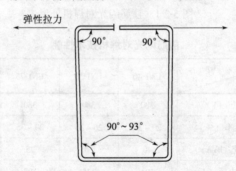

图 5-3-1 对焊前箍筋两端头不得分开

二、待焊箍筋下料长度的确定

1. 待焊箍筋的下料长度,应考虑烧化留量和顶锻留量所需的预留长度(即焊接总留量 $\approx 1d$),见图 5-3-3 和表 5-3-1。

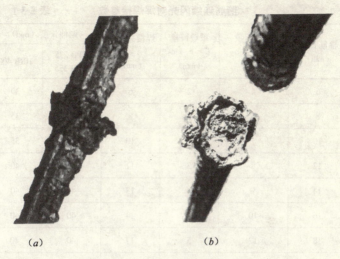

图 5-3-2 爆花状对焊接头脆断情况
(a) 爆花状对焊接头；(b) 接头脆断

2. 待焊箍筋的下料长度可按下式计算：

$$L = L_n - d$$

式中　L——箍筋下料长度；
　　　L_n——成品箍筋内周长；
　　　d——箍筋直径。

待焊箍筋的下料长度还可通过下料试验和试焊确定，使箍筋闪光对焊后的内净空尺寸符合设计要求。

待焊箍筋的下料长度允许偏差应控制在 ±5mm 范围内。

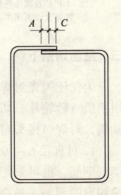

图 5-3-3　闪光对焊箍筋
留量示意图
A—烧化留量；C—顶锻留量

箍筋连续闪光对焊焊接参数　　　　表 5-3-1

箍筋直径 (mm)	烧化留量 $A = a_1 + a_2$ (mm)	顶锻留量 $C = c_1 + c_2$ (mm)	焊接总留量 $A + C$ (mm)	调伸长度 (mm) HPB 235 HRB 335	调伸长度 (mm) HRB 400
6	4	2	6	30	30
8	5	3	8	30	35
10	7	3	10	35	35
12	8	3	11	35	40
14	9	4	13	40	40
16	10	4	14	40	40
18	12	5	17	40	40
20	14	5	19	40	40

注：1. $A + C$ 为用无齿锯下料情况。其他情况需经试焊确定，适当调整；
　　2. A 和 C 及其他符号的含意详见《钢筋焊接及验收规程》(JGJ 18—2003) 的条文说明图7。

三、箍筋切割下料

为保证闪光对焊箍筋的焊接质量，待焊箍筋应用无齿锯切割机（砂轮片）切割，使钢筋端头断面平整且垂直于钢筋轴线，对焊时接头对中好，不易错位。

1. 对直径 6~10mm 的箍筋，应采用 J_3C—400 型无齿锯切割钢筋。也可采用 GH—12 型钢筋剪切机剪切，这种剪切机切出的钢筋头斜口较小，工作效率较高。

2. 对直径 12~20mm 的待焊箍筋，宜采用上述无齿锯切割钢筋，也可采用钢筋切断机。当用切断机时，开机前应将刀口调整严密，以减小断口的压伤和斜口。

四、箍筋接头的设置

1. 对梁用箍筋，应设在梁箍筋的上边或下边上（受力较小的一边）。

2. 对柱用箍筋，应设在柱箍筋的短边上或设在任意一边上（指正方形或正多边形），并应保证安装后的闪光对焊箍筋接头错开50%。

五、箍筋弯曲加工

以矩形箍筋为例，其四个角的弯曲角度有不同要求，如图 5-3-4（a）、（b）所示。

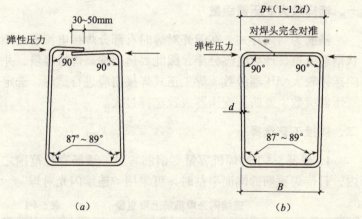

图 5-3-4 待焊箍筋
(a) 弯曲角度和搭接尺寸；(b) 对焊前状态

六、待焊箍筋质量检验

由施工单位专职质量管理人员组织，并由钢筋工和焊工参加，对待焊箍筋的外观进行检查，要求如下：

(1) 箍筋两个端头对准，不错位。

(2) 对焊头处保持有弹性压力。

(3) 对焊接头边的长度比它的对边长 $1 \sim 1.2d$，控制允许偏差 ±5mm。

(4) 外形尺寸及弯曲角度符合图 5-3-4（d）要求。

检验不合格的待焊箍筋必须剔出来，交钢筋班返修合格后再焊。

第四节 箍筋闪光对焊工艺

一、选择较大变压器级数

箍筋为封闭环式，在闪光对焊时有部分焊接电流通过环状钢筋流过，产生电流分流，因此要适当提高焊机容量，并应选择较大变压器级数。焊工正式焊接前应进行试焊，选定变压器级数。要防止变压器级数选择过大。

二、焊接工艺选择

1. 在表 5-4-1 的焊机容量、钢筋牌号、箍筋直径范围之内，且待焊箍筋的端面平整时，可采用"连续闪光对焊"。

连续闪光焊箍筋上限直径　　　表 5-4-1

焊机容量（kVA）	钢 筋 牌 号	箍筋直径（mm）
100	HPB 235 HRB 335 HRB 400	16 ~ 20 14 ~ 18 14 ~ 18
75	HPB 235 Q235 HRB 335 HRB 400	12 ~ 14 12 ~ 14 10 ~ 12 10 ~ 12

续表

焊机容量（kVA）	钢 筋 牌 号	箍筋直径（mm）
50	HPB 235 Q235 HRB 335 HRB 400	6~12 6~12 6~10 6~10
40	HPB 235 Q235 HRB 335 HRB 400	6~10 6~10 6~10 6~10

2. 当超过表5-4-1范围，且待焊箍筋端面较平整，宜采用"预热闪光对焊"。

3. 当超过表5-4-1范围，且待焊箍筋端面不平整，应采用"闪光—预热闪光对焊"。

三、焊接参数

闪光对焊箍筋时，应选择合适的调伸长度、烧化留量、顶锻留量以及变压器级数等焊接参数。

连续闪光对焊时的总留量应包括烧化留量、有电顶锻留量和无电顶锻留量。

闪光—预热闪光对焊时的总留量应包括：一次烧化留量、预热留量、二次烧化留量、有电顶锻留量和无电顶锻留量。

焊接时，变压器级数应根据钢筋牌号、箍筋直径、焊机容量以及焊接工艺方法等具体情况，通过试焊选择。

四、箍筋闪光对焊的操作要点

1. 焊工应将待焊箍筋两端头完全对准，在同一条直线上，有弹性压力存在，再在对焊机的电极钳口上固定。

2. 箍筋闪光对焊时，当箍筋直径较粗时，预热要充分；顶锻前瞬间闪光要强烈；顶锻快而有力；对焊断电后，让焊缝冷却 3~5s，再松开夹紧机构。

3. 对焊时，焊工应掌握烧化火候，在短时稳定烧化并在闪光强烈时快速顶锻，完成焊接。

4. 刚焊好的箍筋，应悬挂在支架上，或搁放在成品箍筋垛上。不得随意乱扔在地上，防止因地面湿润（或积水）使处于高温的焊接接头淬火，接头脆断。

5. 当电极铜块的刻槽磨损到不易固定箍筋时，必须及时更换新的电极铜块，或使用修复后的电极铜块。

第五节 焊接质量控制与检验

一、检查待焊箍筋的加工质量

箍筋对焊前，焊工应对待焊箍筋的制作质量进行复检，不合格的必须修整好后再焊。

二、焊工、班组对成品箍筋质量检验

1. 对焊后的成品箍筋外观必须顺直，接头没有错位现象，或在允许偏差范围内。接头处钢水表面呈圆滑状，或有少量毛刺。

2. 落实焊工三检制度。工地焊接班组长要对工地的焊接质量负全责。焊工要对自己的焊接质量负责。

（1）自检：焊工必须自行检验成品箍筋，剔出有问题的箍筋进行重新处理或报废，严禁有问题的成品箍筋用于工地

的梁和柱上。

（2）互检：焊接班组长与焊工之间相互检查焊接质量。剔出有问题的成品箍筋，共同分析原因，采取消除措施，进行重新处理或报废。

（3）交接检：每批成品箍筋移交钢筋班安装前，必须作好成品箍筋质量交接检查，合格的移交给钢筋班。

交接检查由施工单位组织，监理公司和焊接公司有关人员参加。

三、加强箍筋闪光对焊生产管理

1. 组织箍筋闪光对焊专业焊接公司。
2. 加强焊工考试和箍筋闪光对焊专项培训。
3. 组织工厂化生产或一条龙生产。
4. 选择适当焊接设备。
5. 严格检验梁、柱箍筋的闪光对焊质量。

四、异常现象及消除措施

在箍筋闪光对焊生产中，当出现异常现象，应分析原因，及时消除，见表5-5-1。

箍筋闪光对焊异常现象和消除措施 表 5-5-1

项次	异 常 现 象	消 除 措 施
1	钢筋下料长度控制不准	1. 作箍筋弯曲成型试验 2. 将下料长度的允许偏差控制在 ±5mm 内
2	待焊箍筋四个角度不符合图 5-3-4 要求	1. 掌握闪光对焊箍筋四个角的弯曲角度要求 2. 使箍筋闪光对焊点保持弹性压力

续表

项次	异常现象	消除措施
3	接头错位	1. 用无齿锯下料，使箍筋端面垂直于钢筋轴线 2. 如用钢筋切断机断料，应使切断机刀口严密，消除钢筋端头 20～30mm 范围出现局部弯曲现象 3. 待焊箍筋在电极上固定时，对焊头必须对准不错位
4	接头呈爆花状	1. 箍筋闪光对焊点必须保持弹性压力 2. 焊工必须经严格考试，合格后上岗 3. 对焊断电后，让焊缝冷却 3～5 秒钟，再松开箍筋，向外移动手把
5	焊接接头脆断	1. 刚焊好的箍筋，不要放在有积水或潮湿的地面上，防止焊缝淬火 2. 刚焊好的箍筋要放在干燥的地面上，或架空成垛堆放

思 考 题

1. 待焊箍筋的弹性拉力是怎样形成的？有什么危害？

2. 怎样使待焊箍筋产生弹性压力？怎样判断待焊箍筋是否存在弹性压力？

3. 箍筋闪光对焊时，为什么要适当调高焊接变压器级数，以增大焊接电流？

4. 箍筋闪光对焊生产中，有哪些可能出现的异常现象？如何消除？

第六章 钢筋电弧焊

第一节 名词解释、特点和适用范围

一、名词解释

1. 钢筋电弧焊

以焊条作为一极,钢筋为另一极,利用焊接电流通过产生的电弧热进行焊接的一种熔焊方法,如图 6-1-1 所示。

热影响区宽度见第三章第一节中名词解释。

2. 焊缝余高

焊缝表面焊趾连线上那部分金属的高度 h_y,如图 6-1-2 所示。

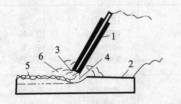

图 6-1-1 钢筋电弧焊示意图
1—焊条;2—钢筋;3—电弧;4—熔池;
5—熔渣;6—保护气体

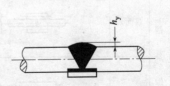

图 6-1-2 焊缝余高
h_y—焊缝余高

二、特点

钢筋手工电弧焊的特点是轻便、灵活,可用于平、立横、仰全位置焊接,适应性强,应用范围广。它适用于构件厂内,也适用于施工现场;可用于钢筋与钢筋,以及钢筋与钢板、钢筋与型钢的焊接。

当采用交流电弧焊时,焊机结构简单,价格较低,坚固耐用。

三、接头形式和适用范围

钢筋电弧焊的接头形式较多,主要有帮条焊、搭接焊、熔槽帮条焊、坡口焊、窄间隙焊等5种。帮条焊、搭接焊有双面焊、单面焊之分;坡口焊有平焊、立焊两种。

此外,还有钢筋与钢板搭接焊、钢筋与钢板T形接头电弧焊。

钢筋电弧焊的适用范围见表6-1-1。

钢筋电弧焊的适用范围　　　　表6-1-1

焊接方法		接 头 型 式	适 用 范 围	
			钢筋牌号	钢筋直径(mm)
帮条焊	双面焊		HPB 235 HRB 335 HRB 400 RRB 400	10~20 10~40 10~40 10~25
	单面焊		HPB 235 HRB 335 HRB 400 RRB 400	10~20 10~40 10~40 10~25

续表

焊接方法		接 头 型 式	适 用 范 围	
			钢筋牌号	钢筋直径（mm）
搭接焊	双面焊		HPB 235 HRB 335 HRB 400 RRB 400	10~20 10~40 10~40 10~25
	单面焊		HPB 235 HRB 335 HRB 400 RRB 400	10~20 10~40 10~40 10~25
熔槽帮条焊			HPB 235 HRB 335 HRB 400 RRB 400	20 20~40 20~40 20~25
坡口焊	平焊		HPB 235 HRB 335 HRB 400 RRB 400	18~20 18~40 18~40 18~25
	立焊		HPB 235 HRB 335 HRB 400 RRB 400	18~20 18~40 18~40 18~25
钢筋与钢板搭接焊			HPB 235 HRB 335 HRB 400	8~20 8~40 8~25
窄间隙焊			HPB 235 HRB 335 HRB 400	16~20 16~40 16~40
预埋件电弧焊	角焊		HPB 235 HRB 335 HRB 400	8~20 6~25 6~25
	穿孔塞焊		HPB 235 HRB 335 HRB 400	20 20~25 20~25

第二节 电弧焊设备

手工电弧焊的设备包括：电弧焊机、焊钳、焊接电缆；工具有钢丝刷、手鋬；防护用具有面罩、工作服、防护鞋等。

电弧焊机可分成弧焊变压器（交流弧焊机）和直流弧焊机二大类。由于弧焊变压器结构轻巧、耐用，工地上应用较多。弧焊变压器有很多系列，主要有：BX1系列，动铁式；BX2系列，同体式；BX3系列，动圈式；BX6系列，抽头式。

BX2系列同体式弧焊变压器主要用于大直径钢筋电渣压力焊和预埋件钢筋埋弧压力焊。

BX6系列抽头式弧焊变压器主要用于负载持续率（暂载率）不高的安装焊接。

BX1系列动铁式和BX3系列动圈式弧焊变压器用于一般的钢筋焊接，应用甚广。

一、BX1-300型弧焊变压器

BX1系列弧焊变压器有BX1-200型、BX1-300型、BX1-400型和BX1-500型等多种型号，其外形如图6-2-1所示。

1. BX1-300型弧焊变压器结构

该种弧焊变压器结构原理如图6-2-2所示。其初级绕组和次级绕组均一分为二，制成盘形或筒形，分别绕在上下铁轭上。初级上下两组串联之后，接入电源。次级是上下两组并联之后，接入负载。中间为动铁芯，可以内外移动，以调节焊接电流。

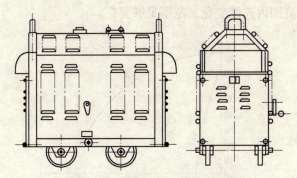

图 6-2-1 BX1 系列弧焊变压器外形

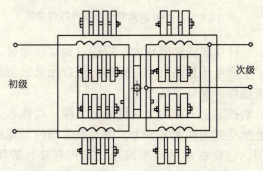

图 6-2-2 BX1-300 型弧焊变压器结构原理图

2. 外特性

BX1-300 型弧焊变压器的外特性曲线如图 6-2-3 所示,外特性曲线中 1、2 所包围的面积,便是焊接参数可调范围。从电弧电压与焊接电流的关系曲线和外特性相交点 a、b 可见,焊接电流可调范围为 75~360A。

3. 特点

(1) 这类弧焊变压器电流调节方便,仅用动铁芯的移动,从最里移到最外,外特性从 1 变到 2,电流可以在 75~

360A 范围内连续变化，范围足够宽广。

图 6-2-3　BX1-300 型弧焊变压器外特性曲线

（2）外特性曲线陡降较大，焊接过程比较稳定，工艺性能较好，空载电压较高（70～80V），可以用低氢型碱性焊条进行交流施焊，保证焊接质量。

（3）动铁芯上下有两个对称的空气隙，动铁芯上下为斜面，其上所受磁力的水平分力，使动铁芯与传动螺杆有单向压紧作用，它使振动进一步减小，噪声较小，焊接过程稳定。

（4）由于漏抗代替电抗器及采用梯形动铁芯，如图 6-2-4 所示，省去了换档抽头的麻烦，使用方便，节省原材料消耗。

该种焊机结构简单，制造容易，维护使用方便。

注：由于制造厂的不同，各种型号焊机的技术性能有所差异。

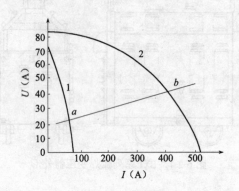

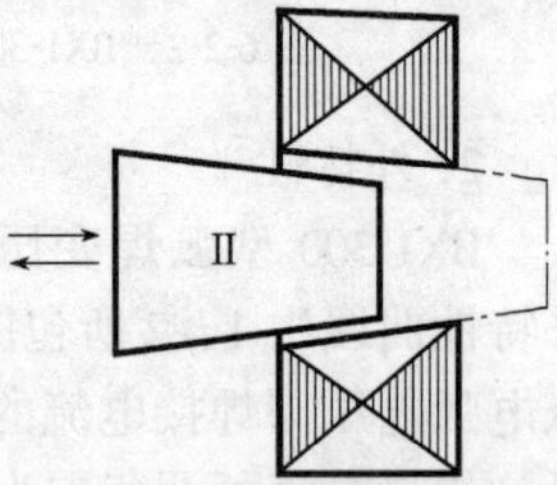

图 6-2-4　动铁芯移动示意图
Ⅰ—上下铁轭；Ⅱ—动铁芯

二、BX2-1000 型弧焊变压器

BX2 系列弧焊变压器有 BX2-500 型、BX2-700 型、BX2-1000 型和 BX2-2000 型等多种型号。

BX2-1000 型弧焊变压器的结构属于同体组合电抗器式。弧焊变压器的空载电压为 69~78V，工作电压为 42V，电流调节范围为 400~1200A。该种弧焊变压器常用作预埋件钢筋埋弧压力焊和粗直径钢筋电渣压力焊的焊接电源。

1. BX2-1000 型弧焊变压器结构

BX2-1000 型弧焊变压器是一台与普通变压器不同的同体式降压变压器。其变压器部分和电抗器部分是装在一起的，铁芯形状象一"日"字形，并在上部装有可动铁芯，改变它与固定铁芯的间隙大小，即可改变感抗的大小，达到调节电流的目的。

在变压器的铁芯上绕有三个线圈：初级、次级及电抗线圈。初级线圈和次级线圈绕在铁芯的下部，电抗线圈绕在铁芯的上部，与次级线圈串联。在弧焊变压器的前后装有一块接线板，电流调节电动机和次级接线板在同一方向。

2. 工作原理

BX2-1000 型弧焊变压器的工作原理及线路结构如图 6-2-5 所示。弧焊变压器的陡降外特性是籍电抗线圈所产生的电压降来获得。

空载时，由于无焊接电流通过，电抗线圈不产生电压降。

因此，空载电压基本上等于次级电压，便于引弧。

焊接时，由于焊接电流通过，电抗线圈产生电压降，从而获得陡降的外特性。

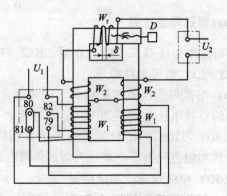

图 6-2-5　同体式弧焊变压器原理图

W_1—初级绕阻；W_2—次级绕阻；

W_r—电抗器绕阻；δ—空气隙；D—电流调节电动机

短路时，由于很大短路电流通过电抗线圈，产生很大的电压降，使次级线圈的电压接近于零，限制了短路电流。

3．焊接电流的调节

BX2-1000 型弧焊变压器只有一种调节电流的方法，它是利用移动可动铁心，改变它与固定铁心的间隙。当电动机顺时针方向转动时，使铁心间隙增大，电抗减小，焊接电流增加；反之，焊接电流则减小。

变压器的初级接线板上装有铜接片，当电网电压正常时，金属连接片 80、81 两点接通，使用较多的初级匝数；若电网电压下降 10%，即 340V 以下时，应将连接片换至 79、82 两点接通，使初级匝数降低，使次级空载电压提高。

BX2-1000 型的外特性曲线如图 6-2-6 所示。其中，曲线 1 为动铁芯在最内位置，曲线 2 为动铁芯在最外位置。

BX2-1000 型弧焊变压器性能见表 6-2-1。

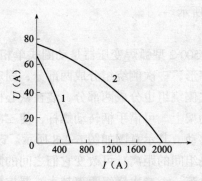

图 6-2-6　BX2-1000 型弧焊变压器外特性曲线

BX2-1000 型弧焊变压器性能　　　　表 6-2-1

输出	额定工作电压（V）	42（40～46）
	额定负载持续率（%）	60
	额定焊接电流（A）	1000
	空载电压（V）	69～78
	焊接电流调节范围（A）	400～1200
	额定输出功率（kW）	42
输入	额定输入容量（kVA）	76
	初级电压（V）	220 或 380
	频率（Hz）	50
效　率（%）		90
功率因素（$\cos\psi$）		0.62
质　量（kg）		560

三、BX3-300/500-2 型弧焊变压器

BX3 系列弧焊变压器有 BX3-200 型、BX3-300-2 型、BX3-1-400 型、BX3-500-2 型、BX3-630 型等多种型号，其外

形如图 6-2-7 所示。

1. 结构

BX3-300/500-2 型弧焊变压器是动圈式单相交流弧焊机，铁心采用口字形，一次侧绕组分成两部分，固定在二铁心柱的底部；二次侧绕组也分成两部分，装在铁心柱上非导磁材料做成的活动架上。可借手柄转动螺杆，使二次侧绕组沿铁心柱作上下移动，其示意图如图 6-2-8 所示。改变一次侧与二次侧两个绕组间的距离，可改变它们之间的漏抗大小，从而改变焊接电流。一二次绕组距离越大，漏抗越大，焊接电流越小；反之，焊接电流越大。

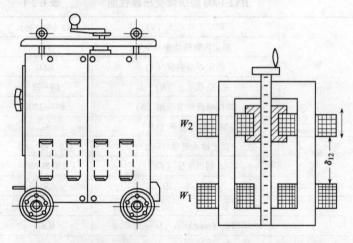

图 6-2-7 BX3 系列弧焊变压器外形

图 6-2-8 BX3-300/500-2 型弧焊变压器结构示意图

W_1—初级绕阻；W_2—一次级绕阻；δ_{12}—间隙

除移动绕组位置以调节电流之外，还可以将绕组接成串联或并联，从而扩大焊接电流的调节范围。一二次侧绕组有串联（接法Ⅰ；即Ⅰ档）和并联（接法Ⅱ；即Ⅱ档）两种，电气原理图如图 6-2-9 所示。

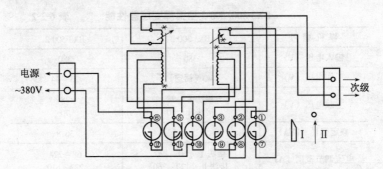

图 6-2-9　BX3-300/500-2 型弧焊变压器电气原理图

接法Ⅰ——开关 3、9；5、11 接通

接法Ⅱ——开关 1、7；2、8；4、10；6、12 接通

2. 外特性

BX3-300-2 型弧焊变压器外特性曲线如图 6-2-10 所示。

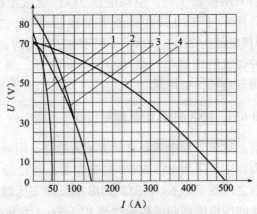

图 6-2-10　BX3-300-2 型弧焊变压器外特性曲线

曲线 1、2—接法Ⅰ；曲线 3、4—接法Ⅱ

3．技术数据

BX3-300/500-2型弧焊变压器性能见表6-2-2。

BX3-300/500-2型弧焊变压器性能　　　表6-2-2

焊机型号	BX3-300-2	BX3-500-2
输入电压（V）	380	380
工作电压（V）	40（额定）	23~44
空载电压（V）	接法Ⅰ　78 接法Ⅱ　70	78 70
额定容量（kVA）		36.8
电流调节范围（A）	接法Ⅰ　60~120 接法Ⅱ　120~360	68~224 222~610
额定负载持续率（%）	60	60
效　率（%）	82.5	88.5
功率因数		0.61

可以看出，BX3-300-2焊机适用于手工电弧焊。BX3-500-2焊机，当采用接法Ⅰ时，空载电压78V，焊接电流为68~224A，适用于手工电弧焊；当采用接法Ⅱ时，空载电压70V，焊接电流为222~610A，可用于电渣压力焊。

该种焊机结构简单、震动小，不易损坏，维护检修方便，使用寿命长，费用低。

四、BX3-630、BX3-630B型弧焊变压器

目前，建筑工程中钢筋直径有增大趋势，因此，在钢筋电渣压力焊中，采用BX3-500-2型弧焊变压器已经不能满足要求，随之出现BX3-630、BX3-630B型弧焊变压器。该种弧焊变压器的构造原理和结构形式与BX3-500-2型基本相同。

BX3-630型弧焊变压器配有低压使用档，在电源电压

330~340V 之间，保证额定输出电流不变。

BX3-630B 型弧焊变压器配有大滚轮及推把，适宜于工地使用。

1. 技术数据

BX3-630 及 BX3-630B 型弧焊变压器技术性能见表 6-2-3。

BX3-630 及 BX3-630B 弧焊变压器性能 表 6-2-3

焊 机 型 号		BX3-630	BX3-630B
输入电压（V）		380	(340)
工作电压（V）		23.2~44	
空载电压（V）	接法Ⅰ	77	
	接法Ⅱ	67	
	接法Ⅲ	67	
额定容量（kVA）		46.5	
电流调节范围（A）	接法Ⅰ	80~300	
	接法Ⅱ	285~790	
	接法Ⅲ	285~790	
额定负载持续率		35%	
效 率		0.85	

不同负载持续率下次级电流见表 6-2-4。

不同负载持续率下次级电流 表 6-2-4

负载持续率（%）	100	60	35
次级电流（A）	373	481	630

质量　　　254kg

外形尺寸　720mm×640mm×900mm

　　　　　720mm×540mm×960mm　B型

注：负载持续率为焊接电流通电时间对焊接周期之比，即：

负载持续率 $= t/T \times 100\%$

式中，t 为焊接电流通电时间；

T 为整个周期（工作和休息时间总和，周期为5min）。

2. 焊接电流的调整

(1) 组合转换开关完成初级绕组的换接。分为接法Ⅰ、接法Ⅱ、接法Ⅲ；接法Ⅲ在电源电压 330～340V 之间使用。接法Ⅰ适用于手工电弧焊；接法Ⅱ适用于电渣压力焊。

(2) 次级输出采用倒连接片位置来完成。

使用方法见表 6-2-5。

次级连接片位置　　　　表 6-2-5

组合开关位置	接法 Ⅰ	接法 Ⅱ	接法 Ⅲ
次级连接片位置			
输出电流	80～300A	285～790A	285～790A
空载电压	77V	67V	67V

连接片采用开口式，即松开紧固件（不用取下来），便可转换位置。

焊接电流的细调节靠转动手柄，调节次级线圈的位置来实现。

3. 电气原理图

电气原理图如图 6-2-11 所示。

根据生产实践，在钢筋电渣压力焊中，一般焊接 $\phi32$ 及以下的钢筋，可选用 BX3-500-2 型弧焊变压器，也可选用 BX3-630 型（BX3-630B 型）弧焊变压器。

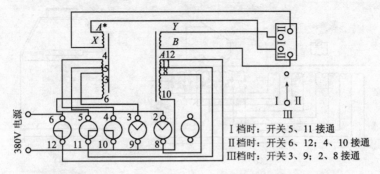

图 6-2-11 BX3-630、BX3-630B 型弧焊变压器电气原理图

五、BX6-250 型弧焊变压器

BX6 型弧焊变压器为抽头式、便携式交流弧焊机,由单相焊接变压器、外壳、分头开关等组成。单相焊接变压器的基本原理是利用自然漏磁、增加阻抗、调节电流并获得陡降外特性。两只初级绕组分别置于两铁心柱上。次级绕组与初级绕组Ⅰ共同绕制在一个铁心柱上。每只初级绕组有 7~9 个抽头,利用分头开关改变两线圈的匝数分配,改变漏抗,从而调节电流,一般的可调 5~8 级。BX6 型焊机有多种型号:BX6-125、BX6-160、BX6-200、BX6-250、BX6-300。各主要技术参数随各生产厂均有所不同。以西安电焊机厂生产的 BX6-250 型焊机为例,额定输出功率 7.5kW,单相,电源电压 380/220V、50Hz,初级输入电流 38/65A,额定负载持续率 20%,次级额定焊接电流 250A,焊接电流调节范围 110~280A,自 1 档至 7 档调节,焊接电流由小调大,空载电压 58V,额定工作电压 30V,焊机质量 55kg,电气原理图和初级接线位置如图 6-2-12 所示。

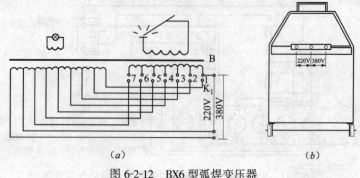

图 6-2-12 BX6 型弧焊变压器
(a) 电气原理图；(b) 初级接线位置

BX6 型焊机适用于钢筋安装、焊接任务不大的场合。若连续工作，负载持续率超过 20%，使用的焊接电流就应降低。若焊接电流较小，负载持续率可相应提高。焊机工作时，各部位最高温度不得超过 90℃。焊机应避免雨淋受潮，保持干净。

六、交流弧焊电源常见故障及消除方法

交流弧焊电源的常见故障及消除方法见表 6-2-6。

交流弧焊电源的常见故障及消除方法　　表 6-2-6

故障现象	产生原因	消除方法
变压器过热	1. 变压器过载 2. 变压器绕组短路	1. 降低焊接电流 2. 消除短路处
导线接线处过热	接线处接触电阻过大或接线螺栓松动	将接线松开，用砂纸或小刀将接触面清理出金属光泽，然后旋紧螺栓
手柄摇不动，次级绕组无法移动	次级绕阻引出电缆卡住或挤在次级绕阻中，螺套过紧	拨开引出电缆，使绕阻能顺利移动；松开紧固螺母，适当调节螺套，再旋紧紧固螺母

续表

故障现象	产生原因	消除方法
可动铁芯在焊接时发出响声	可动铁芯的制动螺栓或弹簧太松	旋紧螺栓，调整弹簧
焊接电流忽大忽小	动铁芯在焊接时位置不稳定	将动铁芯调节手柄固定或将铁芯固定
焊接电流过小	1. 焊接导线过长、电阻大 2. 焊接导线盘成盘形、电感大 3. 电缆线接头或与工件接触不良	1. 减短导线长度或加大线径 2. 将导线放开，不要成盘形 3. 使接头处接触良好

七、辅助设备及工具

1. 电焊钳

用来夹持焊条并进行焊接操作的辅助设备。要求有较强的夹紧力，前端钳口内铜电极干净，后端与焊接电缆连接牢靠，导电良好。

2. 焊接电缆

焊接电缆为特制多股橡皮套软电缆，手工电弧焊时，其导线截面积一般为 $50mm^2$；电渣压力焊时，其导线截面积一般为 $75mm^2$。焊接电缆分为 2 根，1 根为焊把线，其一端接焊钳；另一根为地线，其一端带夹具，与钢筋接触夹紧。

3. 面罩及护目眼镜

面罩及护目玻璃都是防护用具，以保护焊工面部及眼睛不受弧光灼伤，面罩上的护目玻璃有减弱电弧光和过滤红外线、紫外线的作用。它有各种色泽，以墨绿色和橙色为多。

选择护目玻璃的色号，应根据焊工年龄和视力情况。装在面罩上的护目玻璃，外加白玻璃，以防金属飞溅沾污护目玻璃。

4. 清理工具

清理工具包括錾子、钢丝刷、锉刀、锯条、榔头等。这些工具用于修理焊缝，敲掉焊缝熔渣，清除飞溅物，挖除缺陷。

第三节 焊 条

一、焊条的组成材料及其作用

1. 焊芯

焊芯是焊条中的钢芯。焊芯在电弧高温作用下与母材熔化在一起，形成焊缝，焊芯的成分对焊缝质量有很大影响。

焊芯的牌号用"H"表示，表示"焊"，后面的数字表示含碳量，其他合金元素含量的表示方法与钢号大致相同，质量水平不同的焊芯在最后标以一定符号以示区别。如 H08 表示含碳量为 0.08%～0.10% 的低碳钢焊芯；H08A 中的"A"表示优质钢，其硫、磷含量均不超过 0.03%，含硅量≤0.03%，含锰量 0.30%～0.55%。

熔敷金属的合金成分主要从焊芯中过渡，也可以通过焊条药皮来过渡合金成分。

常用焊芯的直径为 $\phi 2.0$、$\phi 2.5$、$\phi 3.2$、$\phi 4.0$、$\phi 5.0$、$\phi 5.8$mm。焊条的规格通常用焊芯的直径来表示。焊条长度取决于焊芯的直径、材料、焊条药皮类型等。随着直径的增加，焊条长度也相应增加。

2. 焊条药皮

(1) 药皮的作用

①保证电弧稳定燃烧，使焊接过程正常进行；

②利用药皮熔化后产生的气体保护电弧和熔池，防止空气中的氮、氧进入熔池；

③药皮熔化后形成熔渣覆盖在焊缝表面保护焊缝金属，使它缓慢冷却，有助于气体逸出，防止气孔的产生，改善焊缝的组织和性能；

④进行各种冶金反应，如脱氧、还原、去硫、去磷等，从而提高焊缝质量，减少合金元素烧损；

⑤通过药皮将所需要的合金元素掺入到焊缝金属中，改进和控制焊缝金属的化学成分，以获得所希望的性能；

⑥药皮在焊接时形成套筒，保证熔滴过渡到熔池，可进行全位置焊接，同时使电弧热量集中，减少飞溅，提高焊缝金属熔敷效率。

(2) 药皮的组成

焊条的药皮成分比较复杂，根据不同用途，有下列数种：

①稳弧剂　是一些容易电离的物质，多采用钾、钠、钙的化合物，如碳酸钾、长石、白垩、水玻璃等，能提高电弧燃烧的稳定性，并使电弧易于引燃。

②造渣剂　都是些矿物，如大理石、锰矿、赤铁矿、金红石、高岭土、花岗石、长石、石英砂等。造成熔渣后，主要是一些氧化物，其中有酸性的 SiO_2、TiO_2、P_2O_5 等，也有碱性的 CaO、MnO、FeO 等。

③造气剂　有机物，如淀粉、糊精、木屑等；无机物，如 $CaCO_3$ 等，这些物质在焊条熔化时能产生大量的一氧化碳、二氧化碳、氢气等，包围电弧，保护金属不被氧化和氮化。

④脱氧剂　常用的有锰铁、硅铁、钛铁等。

⑤合金剂　常用的有锰铁、铬铁、钼铁、钒铁等铁合金。

⑥稀渣剂　常用萤石或二氧化钛来稀释熔渣，以增加其活性。

⑦粘结剂　用水玻璃，其作用使药皮各组成物粘结起来并粘结于焊芯周围。

二、焊条分类

1. 按熔渣特性来分

按焊条药皮熔化后熔渣特性分，有酸性焊条和碱性焊条。

（1）酸性焊条　其药皮的主要成分是氧化铁、氧化锰、氧化钛以及其他在焊接时易放出氧的物质，药皮里的有机物为造气剂，焊接时产生保护气体。

此类焊条药皮里有各种氧化物，具有较强的氧化性，促使合金元素的氧化；同时，电弧里的氧电离后形成负离子（O^{-2}），与氢离子（H^+）有很大的亲合力，生成氢氧根离子（OH^-），从而防止了氢离子溶入熔化的金属里。故这类焊条对铁锈不敏感，焊缝很少产生由氢引起的气孔。酸性熔渣，其脱氧主要靠扩散方式，故脱氧不完全。它不能有效地清除焊缝里的硫、磷等杂质，所以焊缝金属的冲击韧度较低。因此，这种酸性焊条适用于一般钢筋工程。

（2）碱性焊条　其药皮的成分主要是大理石和萤石，并含有较多的铁合金作为脱氧剂和合金剂。焊接时，大理石（$CaCO_3$）分解产生二氧化碳为保护气体。由于焊接时放出的氧少，合金元素很少氧化，焊缝金属合金化的效果较好。这类焊条的抗裂性很好,但由于电弧中含氧量较低,因此,铁锈和水分等容易引起氢气孔的产生。为了防止氢气孔,主要依靠药皮里的萤石(CaF_2)作用,产生氟化氢(HF)而排除。不过萤石的存在,不利于电弧的稳定,因此要求用直流电源进行焊接,药皮中若加入稳定电弧的组成物碳酸钾、碳酸钠等,也可用交流电源。

碱性熔渣是通过置换反应进行脱氧,脱氧较完全,并又能有效地清除焊缝中的硫和磷,加之焊缝的合金元素烧损较少,能有效地进行合金化,所以焊缝金属性能良好。主要用于重要钢筋工程中。

采用此类焊条必须十分注意保持干燥和接头对口附近的清洁。保管时,勿使焊条受潮生锈;使用前,按规定烘干。接头对口附近10~15mm范围内,要清理至露出纯净的金属光泽,不得有任何有机物及其他污垢等。焊接时,必须采用短弧,防止气孔。

碱性焊条在焊接过程中,会产生HF和K_2O气体,有害焊工健康,故需加强焊接场所的通风。

焊条按用途来分有十种,对钢筋工程来说,均采用结构钢焊条。

2. 原国家标准《焊条分类型号编制方法》(GB 980—76)药皮类型

在原国家标准中,焊条按药皮主要成分来分,有九种,见表6-3-1。

注:焊条已有新的国家标准,应按现行国家标准实施,列出原国家标准,仅供参考。

(1)钛型(氧化钛型) 药皮含有多量的氧化钛(金红石或钛白粉)组成物的焊条。

焊条药皮类型　　　　　表 6-3-1

牌 号	药皮类型	焊接电源	牌 号	药皮类型	焊接电源
××0	特殊型	不规定	××5	纤维素型	直流或交流
××1	氧化钛型	直流或交流	××6	低氢钾型	直流或交流
××2	氧化钛钙型	直流或交流	××7	低氢钠型	直 流
××3	钛铁矿型	直流或交流	××8	石墨型	直流或交流
××4	氧化铁型	直流或交流	××9	盐基型	直 流

工艺性能良好,电弧稳定,飞溅很少,熔渣易脱,焊波美观,熔深较浅,可全位置焊接。

(2) 钛钙型(氧化钛钙型)　药皮中含有较多氧化钛及相当数量的钙和镁的碳酸盐矿石($CaCO_3$ 和 $MgCO_3$)的焊条。

工艺性能稍次于钛型焊条,但焊缝金属中含氢量要比钛型焊条焊接的焊缝低一半,夹杂物和总含氧量也有所降低,故其力学性能(特别是冲击韧度)高于钛型焊条,应用很广。

(3) 钛铁矿型　药皮中含有多量的钛铁矿的焊条。

工艺性能较钛型焊条差,熔深一般,电弧稳定,焊波整齐,飞溅较钛型焊条稍大,可全位置焊接。

(4) 氧化铁型　药皮中含有多量的氧化铁及锰铁等的焊条。熔深较大,熔化较快,生产效率高,对铁锈、油污等不敏感,但焊接时飞溅较大。其熔渣属于"长渣",即熔渣凝固时间较长,不宜用于仰焊、立焊等位置。

(5) 纤维素型　药皮中含有多量的纤维素等有机物。焊接时有机物分解出大量气体,保护熔化金属;同时,造成很大的电弧吹力,具有电弧穿透力大,不易产生气孔、夹渣等优点。适宜于单面焊双面成形的底层焊道的焊接。熔化速度快,熔渣少,脱渣容易。

(6) 低氢型 药皮主要组成物为大理石($CaCO_3$)和萤石,不含有机物。其焊缝金属的含氢量是所有焊条中最低的,故称低氢型焊条。

熔深较浅,要求用极短弧焊接,具有良好的抗裂性能。焊缝金属的力学性能良好,可全位置焊接。

这种焊条适宜采用直流焊接电源;如果在药皮中增加容易电离的物质,则也能采用交流焊接电源。

按焊条的牌号来分。结构钢焊条的牌号有很多,常用的见表6-3-2。

常用结构钢焊条牌号 表 6-3-2

牌 号	熔敷金属抗拉强度等级 (kgf/mm^2)	熔敷金属屈服强度等级 (kgf/mm^2)
结 42×	42	30
结 50×	50	35
结 55×	55	40
结 60×	60	45

牌号中"结"表示结构钢焊条,第一、第二位数字,表示熔敷金属的抗拉强度。第三位数字表示药皮类型和焊接电源种类。

3. 现行国家标准焊条型号

现行国家标准《碳钢焊条》(GB/T 5117—1995)和《低合金钢焊条》(GB/T 5118—1995)中,焊条型号根据熔敷金属的抗拉强度、药皮类型、焊接位置和焊接电源种类划分。焊条型号编制方法如下:字母"E"表示焊条(Electrode);前两位数字表示熔敷金属抗拉强度的最小值;第三位数字表示焊条的焊接位置:"0"及"1"表示焊条适用于全位置焊接,"2"表示焊条适用于平焊和平角焊;"4"表示焊条适用于向下立焊;第三位和第四位数字组合时,表示焊接电流种类和药皮类型。

碳钢焊条的强度等级有 43、50 两种;低合金钢焊条的强度等级有 50、55、60、70、75、85、90、100 等 8 种。

碳钢焊条型号见表 6-3-3。

碳钢焊条型号 表 6-3-3

焊条型号	药皮类型	焊接位置	电流种类
E43 系列—熔敷金属抗拉强度 > 420MPa (43kgf/mm²)			
E4300	特殊型	平、立、仰、横	交流或直流正、反接
E4301	钛铁矿型		
E4303	钛钙型		
E4310	高纤维钠型		直流反接
E4311	高纤维钾型		交流或直流反接
E4312	高钛钠型		交流或直流正接
E4313	高钛钾型		交流或直流正、反接
E4315	低氢钠型		直流反接
E4316	低氢钾型		交流或直流反接
E4320	氧化铁型	平	交流或直流正、反接
		平角焊	交流或直流正接
E4322		平	交流或直流正接
E4323	铁粉钛钙型	平、平角焊	交流或直流正、反接
E4324	铁粉钛型		
E4327	铁粉氧化铁型	平	交流或直流正、反接
		平角焊	交流或直流正接
E4328	铁粉低氢型	平、平角焊	交流或直流反接

续表

焊条型号	药皮类型	焊接位置	电流种类
E50 系列—熔敷金属抗拉强度 >490MPa（50kgf/mm²）			
E5001	钛铁矿型	平、立、仰、横	交流或直流正、反接
E5003	钛钙型		交流或直流正、反接
E5010	高纤维素钠型		直流反接
E5011	高纤维素钾型		交流或直流反接
E5014	铁粉钛型		交流或直流正、反接
E5015	低氢钠型		直流反接
E5016	低氢钾型		交流或直流反接
E5018	铁粉低氢钾型		交流或直流反接
E5018M	铁粉低氢型		直流反接
E5023	铁粉钛钙型	平、平角焊	交流或直流正、反接
E5024	铁粉钛型		交流或直流正、反接
E5027	铁粉氧化铁型		交流或直流正接
E5028	铁粉低氢型		交流或直流反接
E5048	铁粉低氢型	平、立、仰、立向下	交流或直流反接

低合金钢焊条属 E50 等级的，还有 E5010，为高纤维素钠型，直流反接；E5020，为高氧化铁型，平角焊时，交流或直流正接，平焊时，交流或直流正、反接。E55 等级的有：E5500、E5503、E5510、E5511、E5513、E5515、E5516、E5518 等型号。E60 等级的有：E6000、E6010、E6011、E6013、E6015、E6016、E6018 等型号，后 2 字为 00 的属特殊型，其他后两个字的含义均与表 6-3-3 相同。

三、焊条的选用

电弧焊所用的焊条，其性能应符合现行的国家标准《碳钢焊条》、《低合金钢焊条》的规定，其型号应根据设计确定；若设计无规定时，可参照表6-3-4选用。

钢筋电弧焊焊条型号　　　　　表 6-3-4

钢筋牌号	电弧焊接头形式			
	帮条焊搭接焊	坡口焊、熔槽帮条焊预埋件穿孔塞焊	窄间隙焊	钢筋与钢板搭接焊预埋件T形角焊
HPB 235	E4303	E4303	E4316　E4315	E4303
HRB 335	E4303	E5003	E5016　E5015	E4303
HRB 400	E5003	E5503	E6016　E6015	E5003
RRB 400	E5003	E5503	—	—

四、焊条的保管与使用

1. 焊条的保管

（1）各类焊条必须分类、分牌号存放，避免混乱。

（2）焊条必须存放于通风良好、干燥的仓库内，需垫高和离墙 0.3m 以上，使上下左右空气流通。

2. 焊条的使用

（1）焊条应有制造厂的合格证，凡无合格证或对其质量有怀疑时，应按批抽查试验，合格者方可使用。存放多年的焊条应进行工艺性能试验后才能使用。

（2）焊条如发现内部有锈迹，须试验合格后方可使用。焊条受潮严重，已发现药皮脱落者，一概予以报废。

（3）焊条使用前，一般应按说明书规定烘焙温度进行烘干。

碱性焊条的烘焙温度一般为 350℃，1~2h。酸性焊条要根据受潮情况，在 70~150℃ 温度下烘焙 1~2h。若贮存时间短且包装完好，使用前也可不再烘焙。烘焙时，烘箱内温度应徐徐升高，避免将冷焊条放入高温烘箱内，或突然冷却，以免药皮开裂。

五、焊条质量检验

焊条质量评定首先进行外观质量检验，之后进行实际施焊，评定焊条的工艺性能，然后焊接试板，进行各种力学性能检验。

第四节 电弧焊工艺

一、电弧焊机的使用和维护

对电弧焊机的正确使用和合理的维护，能保证它的工作性能稳定和延长它的使用期限。

（1）电弧焊机应尽可能安放在通风良好、干燥，不靠近高温和粉尘多的地方。弧焊整流器要特别注意对硅整流器的保护和冷却。

（2）电弧焊机接入电网时，必须使两者电压相符。

（3）启动电弧焊机时，电焊钳和焊件不能接触，以防短路。在焊接过程中，也不能长时间短路，特别是弧焊整流器，在大电流工作时，产生短路会使硅整流器烧坏。

（4）改变接法（换档）和变换极性接法时，应在空载下进行。

（5）按照电弧焊机说明书规定负载持续率下的焊接电流进行使用，不得使电弧焊机过载而损坏。

（6）经常保持焊接电缆与电弧焊机接线柱的接触良好。

(7) 经常检查弧焊发电机的电刷和整流片的接触情况,保持电刷在整流片表面应有适当而均匀的压力,若电刷磨损或损坏时,要及时调换新电刷。

(8) 露天使用时,要防止灰尘和雨水浸入电弧焊机内部。电弧焊机搬动时,特别是弧焊整流器,不应受剧烈的震动。

(9) 每台电弧焊机都应有可靠的接地线,以保障安全。

(10) 当电弧焊机发生故障时,应立即将电弧焊机的电源切断,然后及时进行检查和修理。

(11) 工作完毕或临时离开工作场地,必需及时切断电弧焊机的电源。

二、手工电弧焊操作技术

1. 引弧、运条与收弧

(1) 引弧　手工电弧焊的引弧均为接触引弧,其中又有擦划法和碰击法两种,如图 6-4-1 所示。擦划法引弧是较易掌握的方法,但是擦划引弧时,凡电弧擦过的地方会造成电弧擦伤和污染飞溅,所以最好在坡口内部引弧;另一种方法就是碰击法引弧,碰击法引弧时飞溅少,对工件的损害小,但要求焊工有较熟练的操作技巧。

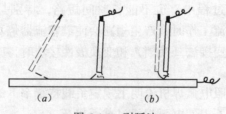

图 6-4-1　引弧法

(a) 擦划法;(b) 碰击法

(2) 运条 手工电弧焊的运条方式有很多,但是均由直线前进、横向摆动和送进焊条三个动作组合而成。其中关键的动作是横向摆动,横向摆动的形式有多种,如图 6-4-2 所示,生产中应根据焊接位置、接头形式、坡口形状、焊层层数以及焊工的习惯而选用,其目的是保证焊根熔透,与母材熔合良好,不烧穿、无焊瘤,焊缝整齐,焊波均匀美观。

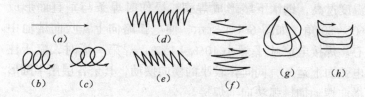

图 6-4-2 运条方式
(a)、(b) 各种位置第一层焊缝;(c)、(d) 平焊、仰焊;
(e) 横仰;(f)、(g)、(h) 立焊

(3) 收弧 收弧时,应将熔坑填满,拉灭电弧时,注意不要在工件表面造成电弧擦伤。

2. 不同焊接位置的操作要点

手工电弧焊时,焊件接缝所处的空间位置,可用焊缝倾角和焊缝转角来表示。根据不同的焊缝倾角和焊缝转角,手工电弧焊的焊接位置可分为:平焊、立焊、横焊和仰焊四种。

保持正确的焊条角度和掌握好运条动作,控制焊接熔池的形状和尺寸是手工电弧焊操作的基础。保持正确的焊条角度,可以分离熔渣和钢水,可以防止造成夹渣和未焊透;利用电弧吹力托住钢水,防止立、横、仰焊时钢水坠落。直线向前移动可以减小焊缝宽度和热影响区宽度,横向摆动和两侧停留可以增大焊缝宽度和保证两侧的熔合良好;运条送进快慢起到控制电弧长度的作用，压低电弧可以增大熔深。

（1）平焊　平焊时要注意熔渣和钢水混合不清的现象，防止熔渣流到钢水前面。熔池应控制成椭圆形，一般采用右焊法，即焊条自左向右运进，焊条与工件表面约成 70°，如图 6-4-3 所示。

（2）立焊　立焊时，钢水与熔渣容易分离，要防止熔池温度过高，钢水下坠形成焊瘤，操作时焊条与垂直面形成 60°~80°角，如图 6-4-4 所示，使电弧略向上，吹向熔池中心。焊接电流比平焊小 10%~15%，焊第一道时，应压住电弧向上运条，同时作较小的横向摆动，其余各层用半圆形横向摆动加挑弧法向上焊接。

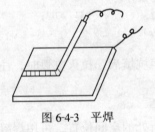

图 6-4-3　平焊

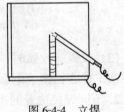

图 6-4-4　立焊

（3）横焊　焊条倾斜 70°~80°，防止钢水受自重作用下坠到下坡口上。运条到上坡口处不作运弧停顿，迅速带到下坡口根部作微小横拉稳弧动作，依此匀速进行焊接，如图 6-4-5 所示。

（4）仰焊　仰焊时钢水易坠落，熔池形状和大小不易控制，宜用小电流短弧焊接。熔池宜薄，且应确保与母材熔合良好。第一层焊缝用短弧作前后推拉动作，焊条与焊接方向成 80°~90°角。其余各层焊条横摆，并在坡口两侧略停顿稳弧，保证两侧熔合，如图 6-4-6 所示。

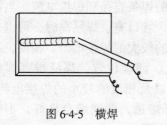
图 6-4-5 横焊

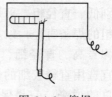
图 6-4-6 仰焊

3. 电弧偏吹

由于电弧是由电离气体构成的柔性导体,受外力作用时容易发生偏摆。电弧轴线偏离电极轴线的现象称为电弧的偏吹。电弧偏吹常使电弧燃烧不稳定,影响焊缝成形和焊接质量。电弧受侧向气流的干扰,焊条药皮偏心或局部脱落都会引起电弧偏吹。

直流焊接时,如果电弧周围磁场分布不均匀,也会造成电弧偏吹,称为磁偏吹。焊接电流越大,磁偏吹越严重。交流焊接时,由于交流电在工件引起涡流,涡流产生的磁通与焊接电流产生的磁通方向相反,两者相互抵消,因此,交流焊接时,磁偏吹很小。

发生磁偏吹时,电弧总是从磁力线密集的一侧偏向磁力线较疏的一侧。

为了抵消磁偏吹的不利影响,操作时可将焊条向偏吹的反方向倾斜,压低电弧进行焊接。

三、手工电弧焊工艺参数

手工电弧焊的工艺参数主要是焊接电流、焊条直径和焊接层次。

在钢筋焊接生产中,应根据钢筋牌号和直径、焊接位置、接头型式和焊层选用合适的焊条直径和焊接电流。当钢筋级别低、直径粗、平焊位置、坡口宽、焊层高时，可以采用较粗的焊条直径，以及相应的较大的焊接电流。相反，当钢筋牌号高、直径细、横、立、仰焊位置、焊缝根部焊接时，宜选用直径较细的焊条，以及相应的较小的焊接电流。但是总的说来，一是保证根部熔透，两侧熔合良好，不烧穿、不结瘤；二是提高劳动生产率。

焊条直径有 $\phi 2.0$、$\phi 2.5$、$\phi 3.2$、$\phi 4.0$、$\phi 5.0$、$\phi 5.8mm$ 多种，在钢筋焊接生产中常用的是 $\phi 3.2$、$\phi 4.0$、$\phi 5.0mm$ 三种。其合适的焊接电流见焊条说明书，或参照表 6-4-1 选用。焊接电流过大，容易烧穿和咬边，飞溅增大，焊条发红，药皮脱落，保护性能下降。焊接电流太小容易产生夹渣和未焊透，劳动生产率低。横、立、仰焊时所用的电流宜适当减小。

不同直径焊条的焊接电流　　　　表 6-4-1

焊条直径（mm）	3.2	4.0	5.0
焊接电流（A）	100~120	160~210	200~270

在直流手工电弧焊时，焊件与焊接电源输出端正、负极的接法称为极性。极性有正接极性和反接极性两种。正接极性时，焊件接电源的正极，焊条接电源的负极；正接也称正极性。反接极性时，焊件接电源的负极，焊条接电源的正极；反接亦称反极性。

在采用常用的焊条进行直流手工电弧焊时，一般均采用反极性，如果用来进行电弧切割，则采用正极性。

四、钢筋电弧焊工艺要求

钢筋电弧焊主要有帮条焊、搭接焊、坡口焊、窄间隙焊和熔槽帮条焊五种接头形式。焊接时应符合下列要求：

（1）为保证焊缝金属与钢筋熔合良好，必须根据钢筋牌号、直径、接头形式和焊接位置，选用合适的焊条、焊接工艺和焊接参数；

（2）钢筋端头间隙、钢筋轴线以及帮条尺寸、坡口角度等，均应符合规程有关规定；

（3）接头焊接时，引弧应在垫板、帮条或形成焊缝的部位进行，防止烧伤主筋；

（4）焊接地线与钢筋应接触良好，防止因接触不良而烧伤主筋；

（5）焊接过程中应及时清渣，焊缝表面应光滑，焊缝余高应平缓过渡，弧坑应填满。

以上各点对于各牌号钢筋焊接时均适用，特别是 HRB 335、HRB 400、RRB 400 钢筋焊接时更为重要，例如，若焊接地线乱搭，与钢筋接触不好时，很容易发生起弧现象，烧伤钢筋或局部产生淬硬组织，形成脆断起源点。在钢筋焊接区外随意引弧，同样也会产生上述缺陷，这些都是焊工容易忽视而又十分重要的问题。

1. 帮条焊

帮条焊时，宜采用双面焊，如图 6-4-7（a）所示。不能进行双面焊时，也可采用单面焊，如图 6-4-7（b）。这是因为采用双面焊，接头中应力传递对称、平衡，受力性能良好，若采用单面焊，则较差。

帮条长度 l 见表 6-4-2，如帮条牌号与主筋相同时，帮条直径可与主筋相同或小一个规格。如帮条直径与主筋相同时，帮条牌号可与主筋相同或低一个牌号。

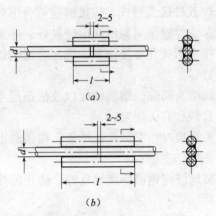

图 6-4-7 钢筋帮条焊接头
(a) 双面焊；(b) 单面焊
d—钢筋直径；l—帮条长度

钢筋帮条长度 表 6-4-2

项次	钢筋牌号	焊缝型式	帮条长度 (l)
1	HPB 235	单面焊	$\geqslant 8d$
		双面焊	$\geqslant 4d$
2	HRB 335、HRB 400、RRB 400	单面焊	$\geqslant 10d$
		双面焊	$\geqslant 5d$

注：d 为主筋直径（mm）。

2. 搭接焊

搭接焊适用于 HPB 235、HRB 335、HRB 400、RRB 400 钢筋。焊接时宜采用双面焊，如图 6-4-8 (a) 所示。不能进行双面焊时，也可采用单面焊，如图 6-4-8 (b)。搭接长度 l 与帮条长度相同，见表 6-4-2。

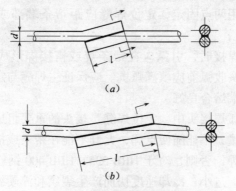

图 6-4-8 钢筋搭接焊接头
(a) 双面焊；(b) 单面焊
d—钢筋直径；l—搭接长度

3. 焊缝尺寸

帮条焊接头或搭接焊接头的焊缝厚度 s 不应小于钢筋直径的 0.3 倍；焊缝宽度 b 不应小于钢筋直径的 0.8 倍，如图 6-4-9 所示。焊缝尺寸直接影响接头强度，施焊中应认真对待，确保做到。

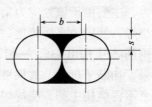

图 6-4-9 焊缝尺寸示意图
b—焊缝宽度；h—焊缝厚度

4. 帮条焊、搭接焊时的装配和焊接要求：

帮条焊或搭接焊时，钢筋的装配和焊接应符合下列要求：

(1) 帮条焊时，两主筋端之间应留 2~5mm 间隙；

(2) 搭接焊时，焊接端钢筋应适当预弯，以保证两钢筋的轴线在同一直线上，使接头受力性能良好；

(3) 帮条焊时，帮条与主筋之间用四点定位焊固定；搭接焊时，用两点固定，定位焊缝应距帮条端部或搭接端部20mm以上；

（4）焊接时，引弧应在帮条焊或搭接焊形成焊缝中进行，在端头收弧前应填满弧坑。应保证主焊缝与定位焊缝的始端和终端熔合良好。

在电弧焊接头中，定位焊缝是接头的重要组成部分。为了保证质量，不能随便点焊，尤其不能在帮条或搭接端头的主筋上点焊，否则，对于HRB 335、HRB 400钢筋，很容易因定位焊缝过小，冷却速度快而产生裂纹和淬硬组织，成为引起脆断的起源点。

5. 钢筋搭接焊两端绕焊

陕西省第八建筑工程公司试验室在接受钢筋搭接焊接头拉伸试验中，有时遇到搭接两端发生脆断的现象。分析认为，主要由于该处应力集中所引起。为此，在搭接两端稍加绕焊，使应力平缓传递，如图6-4-10所示。试验进行两组，钢筋牌号HRB 335，一组ϕ25mm，另一组为ϕ22mm。试验结果，均断于母材，效果良好，如图6-4-11所示。施焊时应注意不得烧伤主筋，绕焊焊缝表面呈凹形。

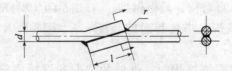

图 6-4-10　钢筋搭接焊绕焊

d—钢筋直径；l—搭接长度；r—绕焊

6. 熔槽帮条焊

熔槽帮条焊适用于直径20mm及以上钢筋的现场安装焊接。焊接时应加角钢作垫板模，接头形式见图6-4-12。

图 6-4-11 拉伸试验后试件

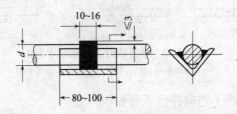

图 6-4-12 钢筋熔槽帮条焊接头

角钢尺寸和焊接工艺应符合下列要求：

(1) 角钢边长为 40～60mm，长度为 80～100mm；

(2) 钢筋端头加工平整，两钢筋端面间隙为 10～16mm；

(3) 焊接电流宜稍大。从接缝处垫板引弧后，连续施焊，保证钢筋端部熔合良好；

(4) 焊接过程中应停焊清渣 1～3 次。焊平后，再进行焊缝余高的焊接，其高度为 2～3mm；

(5) 钢筋与角钢垫板之间，应焊 1～3 层侧面焊缝，焊缝饱满，表面平整。

7. 窄间隙焊

钢筋窄间隙电弧焊是将两根钢筋安放成水平对接形式，并置于铜模内，中间留有少量间隙，用焊条从钢筋根部引弧，连续向上部焊接完成的一种电弧焊方法。

窄间隙焊适用于直径16mm及以上钢筋的现场水平连接。焊接时，钢筋置于铜模中，留出一定间隙，用焊条连续焊接，熔化钢筋端面，并使熔敷金属填充间隙，形成接头，如图6-4-13所示。

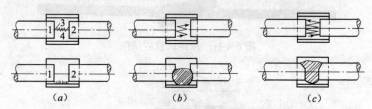

图 6-4-13 窄间隙焊工艺过程示意图
(a) 焊接初期；(b) 焊接中期；(c) 焊接末期

其焊接工艺应符合下列要求：

(1) 钢筋端面应较平整；

(2) 选用合适型号的低氢型碱性焊条，见表6-3-4，并烘干保温；

(3) 端面间隙和焊接参数参照表6-4-3选用；

窄间隙焊焊接参数　　　　　　　　表6-4-3

钢筋直径（mm）	间隙大小（mm）	焊条直径（mm）	焊接电流（A）
16	9~11	3.2	100~110
18	9~11	3.2	100~110
20	10~12	3.2	100~110
22	10~12	3.2	100~110
25	12~14	4.0	150~160
28	12~14	4.0	150~160

续表

钢筋直径（mm）	间隙大小（mm）	焊条直径（mm）	焊接电流（A）
32	12~14	4.0	150~160
36	13~15	5.0	220~230
40	13~15	5.0	220~230

（4）焊接从焊缝根部引弧后连续进行，左、右来回运弧，在钢筋端面处电弧应少许停留，保证熔合良好；

（5）焊至4/5的焊缝厚度后，焊缝逐渐扩宽，必要时，改连续焊为断续焊，避免过热；

（6）焊缝余高不宜超过3mm，且应平缓过渡至钢筋表面。焊接接头如图6-4-14所示。

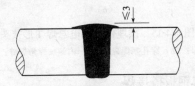

图6-4-14 钢筋窄间隙焊接头

8. 预埋件T形接头电弧焊

预埋件电弧焊T形接头的形式分角焊和穿孔塞焊两种，见图6-4-15。装配和焊接时，应符合下列要求：

（1）钢板厚度应不小于钢筋直径的0.6倍，并不宜小于6mm；

（2）钢筋可采用HPB 235、HRB 335、HRB 400，受力锚固钢筋直径应按设计要求。当设计无明确规定时，受力锚固钢筋直径不宜小于8mm，构造锚固钢筋直径不宜小于6mm；

（3）采用HPB 235钢筋时，角焊缝焊脚 k 不得小于钢筋直径的0.5倍；采用HRB 335、HRB 400钢筋时，焊脚 k 不

得小于钢筋直径的0.6倍;

(4) 施焊中,电流不宜过大,防止钢筋咬边和烧伤。

预埋件T形接头采用手工电弧焊,操作比较灵活,但要防止烧伤主筋和咬边。

(5) 在采用穿孔塞焊中,当需要时,可在内侧加焊一圈角焊缝,以提高接头强度,见图6-4-15(c)。

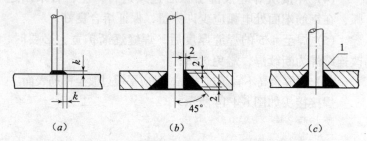

图 6-4-15 预埋件钢筋电弧焊 T形接头
(a) 角焊;(b) 穿孔塞焊;(c) 1—内侧加焊角焊缝;k—焊脚

9. 钢筋与钢板搭接焊

钢筋与钢板搭接焊时,接头形式如图6-4-16所示。

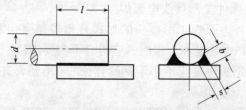

图 6-4-16 钢筋与钢板搭接焊接头
d—钢筋直径;l—搭接长度;b—焊缝宽度;s—焊缝厚度

HPB 235 钢筋的搭接长度 l 不得小于 4 倍钢筋直径,HRB 335、HRB 400 钢筋搭接长度 l 不得小于 5 倍钢筋直径,

焊缝宽度 b 不得小于钢筋直径的 0.6 倍，焊缝厚度 s 不得小于钢筋直径的 0.35 倍。

10. 装配式框架安装焊接

在装配式框架结构的安装中，钢筋焊接应符合下列要求：

（1）柱间节点，采用坡口焊时，当主筋根数为 14 根及以下时，钢筋从混凝土表面伸出长度不小于 250mm；当主筋为 14 根以上时，钢筋的伸出长度不小于 350mm；采用搭接焊时，其伸出长度可适当增加，以减少内应力和防止混凝土开裂；

（2）两钢筋轴线偏移较大时，宜采用冷弯矫正，但不得用锤敲打。如冷弯矫正有困难，可采用氧乙炔焰加热后矫正，钢筋加热部位的温度不超过 850℃，以免烧伤钢筋；

（3）焊接中应选择合理的焊接顺序。对于柱间节点，可由两名焊工对称焊接，以减少结构的变形。

11. 坡口焊准备和工艺要求

坡口焊的准备工作应符合下列要求：

（1）坡口面平顺，切口边缘不得有裂纹和较大的钝边、缺棱；

（2）坡口平焊时，V 形坡口角度为 55°～65°，见图 6-4-17（a）；坡口立焊时，坡口角度为 40°～55°，其中，下钢筋为 0°～10°，上钢筋为 35°～45°，见图 6-4-17（b）；

（3）钢垫板厚度为 4～6mm，长度为 40～60mm。坡口平焊时，垫板宽度为钢筋直径加 10mm；立焊时，垫板宽度等于钢筋直径；

（4）钢筋根部间隙，坡口平焊时为 4～6mm；立焊时，为 3～5mm，最大间隙均不宜超过 10mm。

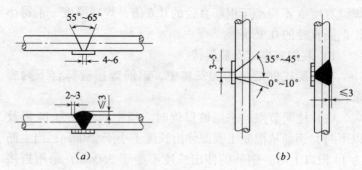

图 6-4-17 钢筋坡口焊接头
(a) 平焊；(b) 立焊

钢筋坡口焊在火电厂主厂房装配式框架结构中应用较多，一般钢筋较密，在坡口立焊时，坡口背面不易焊到，容易产生气孔、夹渣等缺陷，焊缝成形比较困难，采用钢（垫）板后，不仅便于施焊，也容易保证质量，效果良好。

坡口焊工艺应符合下列要求：

(1) 焊缝根部、坡口端面以及钢筋与钢板之间均应熔合良好。焊接过程中应经常清渣，钢筋与钢垫板之间，应加焊二、三层侧面焊缝，以提高接头强度，保证质量；

(2) 为防止接头过热，采用几个接头轮流进行施焊；

(3) 焊缝的宽度应超过 V 形坡口的边缘 2~3mm，焊缝余高为 2~3mm，并平缓过渡至钢筋表面；

(4) 若发现接头中有弧坑、气孔及咬边等缺陷，应立即补焊。HRB 400 钢筋接头冷却后补焊时，需用氧乙炔焰预热。

思 考 题

1. 钢筋电弧焊的特点是什么？为什么常采用交流电弧焊？

2. 钢筋电弧焊有哪几种接头形式？常用的为哪几种？

3. 你在工作中常用哪种型号的焊接变压器？能简单地说出它的构造和如何调节电流吗？

4. 你常用的焊条是什么型号？说出它的特点。

5. HRB 335 钢筋与 HRB 400 钢筋搭接焊时，应该选用什么型号的焊条？

6. 如何确保钢筋电弧焊的质量？

第七章 钢筋电渣压力焊

第一节 名词解释、特点和适用范围

一、名词解释

1. 钢筋电渣压力焊

将两根钢筋安放成竖向对接形式,利用焊接电流通过两钢筋端面间隙,在焊剂层下形成电弧过程和电渣过程,产生电弧热和电阻热,熔化钢筋,加压完成的一种压焊方法。

2. 热影响区宽度

见第三章第一节中名词解释。

钢筋电渣压力焊的焊接过程包括4个阶段,如图7-1-1所示。

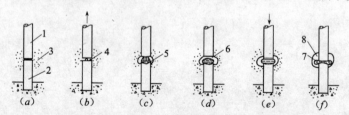

图 7-1-1 钢筋电渣压力焊焊接过程示意图

(a) 引弧前;(b) 引弧过程;(c) 电弧过程;(d) 电渣过程;(e) 顶压过程;(f) 凝固后
1—上钢筋;2—下钢筋;3—焊剂;4—电弧;5—熔池;
6—熔渣(渣池);7—焊包;8—渣壳

(1) 引弧过程

上、下两钢筋端部埋于焊剂之中，两端面之间留有一定间隙。引燃电弧采用接触引弧，具体的又有二种：一是直接引弧法，就是当弧焊电源（电弧焊机）一次回路接通后，将上钢筋下压与下钢筋接触，并瞬即上提，产生电弧；另一是，在两钢筋之间隙中预先安放一个引弧钢丝圈，高约10mm，或者一焊条芯，$\phi 3.2$mm，高约10mm。当焊接电流通过时，由于钢丝（焊条芯）细，电流密度大，立即熔化、蒸发，原子电离而引弧。

上、下两钢筋分别与弧焊电源两个输出端连接，而形成焊接回路。

(2) 电弧过程

焊接电弧在两钢筋之间燃烧，电弧热将两钢筋端部熔化。由于热量容易往上对流，上钢筋端部的熔化量略大于下钢筋端部熔化量，约为整个接头钢筋熔化量之 3/5~2/3。

随着电弧的燃烧，熔化的金属形成熔池，熔融的焊剂形成熔渣（渣池），覆盖于熔池之上，熔池受到熔渣和焊剂蒸气的保护，不与空气接触。

随着电弧的燃烧，上下两钢筋端部逐渐熔化，将上钢筋不断下送，以保持电弧的稳定，下送速度应与钢筋熔化速度相适应。

(3) 电渣过程

随着电弧过程的延续，两钢筋端部熔化量增加，熔池和渣池加深，待达到一定深度时，加快上钢筋的下送速度，使其端部直接与渣池接触；这时，电弧熄灭，变电弧过程为电渣过程。

电渣过程是利用焊接电流通过液体渣池产生的电阻热，继续对两钢筋端部加热，渣池温度可达到 1600~2000℃。

(4) 顶压过程

待电渣过程产生的电阻热使上下两钢筋的端部达到全断面均匀加热的时候,迅速将上钢筋向下顶压,液态金属和熔渣全部挤出;随即切断焊接电源,焊接即告结束。冷却后,打掉渣壳,露出带金属光泽的焊包,见图 7-1-2。

图 7-1-2 钢筋电渣压力焊接头外形
(a) 未去渣壳前;(b) 打掉渣壳后

二、特点

在钢筋电渣压力焊过程中,进行着一系列的冶金过程和热过程。熔化的液态金属与熔渣进行着氧化、还原、掺合金、脱氧等化学冶金反应,两钢筋端部经受电弧过程和电渣过程热循环的作用,部分焊缝呈柱状树枝晶,这是熔化焊的特征。最后,液态金属被挤出,使焊缝区很窄,这是压力焊的特征。

钢筋电渣压力焊属熔态压力焊范畴,操作方便,效率高。

三、适用范围

钢筋电渣压力焊适用于现浇混凝土结构中竖向或斜向（倾斜度在 4∶1 范围内）钢筋的连接，钢筋牌号为 HPB 235、HRB 335、HRB 400，直径为 14～32mm。

钢筋电渣压力焊主要用于柱、墙、烟囱、水坝等现浇混凝土结构（建筑物、构筑物）中竖向钢筋的连接；但不得在竖向焊接之后，再横置于梁、板等构件中作水平钢筋之用。这是根据其工艺特点和接头性能作出的规定。

第二节 电渣压力焊设备

一、钢筋电渣压力焊机分类

1. 焊机形式

(1) 钢筋电渣压力焊机按整机组合方式可分为同体式 (T) 和分体式 (F) 两类。

分体式焊机主要包括：1) 焊接电源（即电弧焊机）；2) 焊接夹具；3) 控制箱三部分。此外，还有控制电缆、焊接电缆等附件。焊机的电气监控装置的元件有二部分：一部分装于焊接夹具上称监控器，或监控仪表；另一部分装于控制箱内。

同体式焊机是将控制箱的电气元件组装于焊接电源内，另加焊接夹具以及电缆等附件。

两种类型的焊机各有优点，分体式焊机便于建筑施工单位充分利用现有的电弧焊机，可节省一次性投资；也可同时购置电弧焊机，这样比较灵活。

同体式焊机便于建筑施工单位一次投资到位,购入即可使用。

(2) 钢筋电渣压力焊机按操作方式可分成手动式(S)和自动式(Z)两种。

手动式(半自动式)焊机使用时,是由焊工揿按钮,接通焊接电源,将钢筋上提或下送,引燃电弧,再缓缓地将上钢筋下送,至适当时候,根据预定时间所给予的信号(时间显示管显示、蜂鸣器响声等),加快下送速度,使电弧过程转变为电渣过程,最后用力向下顶压,切断焊接电源,焊接结束。因有自动信号装置,故有的称半自动焊机。

自动焊机使用时,是由焊工揿按钮,自动接通焊接电源,通过电动机使上钢筋移动,引燃电弧,接着,自动完成电弧、电渣及顶压过程,并切断焊接电源。

由于钢筋电渣压力焊是在建筑施工现场进行,即使焊接过程是自动操作,但是,钢筋安放,装卸焊剂等等,均需辅助工操作。这与工厂内机器人自动焊,还有很大差别。

这两种焊机各有特点,手动焊机比较结实,耐用,焊工操作熟练后,也很方便。

自动焊机可减轻焊工劳动强度,生产效率高,但电气线路稍为复杂。

二、焊接电源

焊接电源是为焊接提供电流,并具有适合钢筋电渣压力焊接工艺所要求的一种装置。电源输出可为交流或直流,目前施工中应用的一般为交流。焊接电源为BX1-500型、BX3-500型、BX3-630型弧焊变压器,在个别情况下,采用BX2-1000型弧焊变压器,这些弧焊变压器的构造和性能见本书

第六章第二节。

三、焊接夹具

夹具是夹持钢筋使上钢筋轴向送进实施焊接的机具。性能要求如下：

(1) 焊接夹具应有足够的刚度，即在承受夹持 600N 的荷载下不得发生影响正常焊接的变形。

(2) 动、定夹头钳口宜能调节，以保证上下钢筋在同一轴线上。

(3) 动夹头钳口应能上下移动灵活，其行程不小于 50mm。

(4) 动、定夹头钳口同轴度偏差不得大于 0.5mm。

(5) 焊接夹具对钢筋应有足够的夹紧力，避免钢筋滑移。

(6) 焊接夹具两极之间应可靠绝缘，其绝缘电阻应不低于 2.5MΩ。

(7) 各种规格焊机的焊剂筒内径、高度尺寸应满足表 7-2-1 的规定。

焊剂筒尺寸 (mm)　　　　表 7-2-1

规　格		J××500	J××630
焊剂筒	内径	≥100	≥110
	高度	≥100	≥110

(8) 手动钢筋电渣压力焊机的加压方式有二种：杠杆式和摇臂式。前者利用杠杆原理，将上钢筋上、下移动，并加压。后者利用摇臂，通过伞齿轮，将上钢筋上、下移动，并加压。

(9) 自动电渣压力焊机的操作方式有二种：

1) 电动凸轮式。凸轮按上钢筋位移轨迹设计，采用直流微电机带动凸轮，使上钢筋向下移动，并利用自重加压。在电气线路上，调节可变电阻，改变晶闸管触发点和电动机转速，从而改变焊接通电时间，满足各不同直径钢筋焊接的需要。

2) 电动丝杠式。采用直流电动机，利用电弧电压、电渣电压负反馈控制电动机转向和转速，通过丝杠将上钢筋向上、下移动并加压，电弧电压控制在 35～45V，电渣电压控制在 18～22V。根据钢筋直径选用合适的焊接电流和焊接通电时间。焊接开始后，全部过程自动完成。

目前生产的自动电渣压力焊机主要是电动丝杠式。

四、电气监控装置

电气监控装置是显示和控制各项参数与信号的装置。

(1) 电气监控装置应能保证焊接回路和控制系统可靠工作，平均无故障工作次数不得少于 1000 次。

(2) 监控系统应具有充分的可维修性。

(3) 对于同时能控制几个焊接夹具的装置应具备自动通断功能，防止误动作。

(4) 监控装置中各带电回路与地之间（不直接接地回路）绝缘电阻应不低于 2.5MΩ。由电子元器件组成的电子电路，按电子产品相关标准规定执行。

(5) 操纵按钮与外界的绝缘电阻应不低于 2.5MΩ。

(6) 监视系统的各类显示仪表其准确度不低于 2.5 级。

(7) 采用自动焊接时，动夹头钳口的位移应满足电弧过程、电渣过程和顶压过程分阶段控制的工艺要求。

(8) 焊接停止时应能断开焊接电源，应设置"急停"装置，以供焊接中遇有特殊情况时使用。

(9) 常用手动电渣压力焊机的电气原理如图 7-2-1 所示。

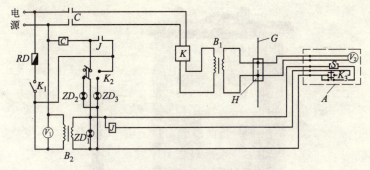

图 7-2-1　电渣压力焊机电气原理图

K—电流粗调开关；K_1—电源开关；K_2—转换开关；K_3—控制开关；
B_1—弧焊变压器；B_2—控制变压器；J—通用继电器；ZD_1—电源指示灯；
ZD_2—电渣压力焊指示灯；ZD_3—手工电弧焊指示灯；V_1—初级电压表；
V_2—次级电压表；S—时间显示器；H—焊接夹具；C—交流接触器；
RD—熔断器；G—钢筋；A—监控器

五、几种半自动钢筋电渣压力焊机外形

几种常用半自动钢筋电渣压力焊机外形如图 7-2-2 所示，其中有的焊机包括焊接电源，有的不包括焊接电源。

(a)

图 7-2-2　几种半自动钢筋电渣压力焊机（一）

(a) JSD-500 型，杠杆加压（四川省建研院）

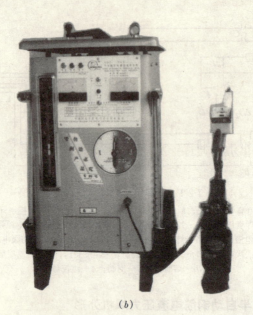

(b)

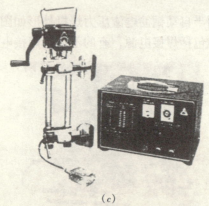

(c)

图 7-2-2　几种半自动钢筋电渣压力焊机（二）
(b) LDZ-32 型，杠杆加压（高碑店栋梁集团）；
(c) MH-36 型，摇臂加压（北京一通）

(d)

图 7-2-2 几种半自动钢筋电渣压力焊机（三）
(d) GD-36 型手动、全自动焊机（无锡日新机械厂）

六、几种全自动钢筋电渣压力焊机外形

泰安市宏明机电设备制造有限公司（原泰山机电设备厂）生产宏明牌（原上高牌）全自动电渣压力焊机已有 10 年历史，钢筋焊接质量稳定，生产效率高，机头结构轻巧，如图 7-2-3 所示。

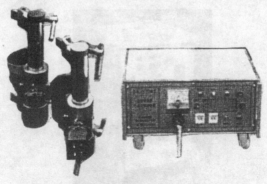

图 7-2-3 ZDH-36 型全自动电渣压力焊机

北京三界电器制造公司生产的三界牌HDZ-630 I型（分体式）全自动电渣压力焊机的焊接夹具及控制箱如图7-2-4所示。该机将自动控制元件与弧焊电源合装一起，即HDZ-630 II型，见图7-2-5。该焊机采用引弧自动补偿；控制信号模糊识别技术；电机工作状态全过程监测和强电无触点控制技术；过流过压、断路、短路全方位保护技术，使产品质量可靠。在北京很多工程中使用，受到欢迎，并出口国外。

图7-2-4　HDZ-630 I型焊机

图7-2-5　HDZ-630 II型焊机

七、辅助设施

钢筋电渣压力焊常用于高层建筑。在施工中，可自制活动小房，将整套焊接设备、辅助工具、焊剂等放于房内，随着楼层上升上提。

小房内壁安装电源总闸，房顶小坡，两侧有百页窗，有门可锁，四角有吊环，移动比较方便（图 7-2-6）。

图 7-2-6 钢筋电渣压力焊机活动房

第三节 焊 剂

一、焊剂的作用

1. 焊剂的作用

在钢筋电渣压力焊过程中，焊剂起了十分重要的作用：

（1）焊剂熔化后产生气体和熔渣，保护电弧和熔池，保护焊缝金属，更好地防止氧化和氮化；

（2）减少焊缝金属中元素的蒸发和烧损；

（3）使焊接过程稳定；

（4）具有脱氧和掺合金的作用，使焊缝金属获得所需要的化学成分和力学性能；

（5）焊剂熔化后形成渣池，电流通过渣池产生大量的电阻热；

（6）包托被挤出的液态金属和熔渣，使接头获得良好成形；

(7) 渣壳对接头有保温缓冷作用。因此，焊剂十分重要。

2. 对焊剂的基本要求：

(1) 保证焊缝金属获得所需要的化学成分和力学性能；

(2) 保证电弧燃烧稳定；

(3) 对锈、油及其他杂质的敏感性要小，硫、磷含量要低，以保证焊缝中不产生裂纹和气孔等缺陷；

(4) 焊剂在高温状态下要有合适的熔点和黏度以及一定的熔化速度，以保证焊缝成形良好，焊后有良好的脱渣性；

(5) 焊剂在焊接过程中不应析出有毒气体；

(6) 焊剂的吸潮性要小；

(7) 具有合适的粒度，焊剂的颗粒要具有足够的强度，以保证焊剂的多次使用。

二、焊剂的分类和牌号编制方法

焊剂牌号编制方法，按照企业标准：在牌号前加"焊剂"(HJ) 二字；牌号中第一位数字表示焊剂中氧化锰含量，见表7-3-1；牌号中第二位数字表示焊剂中二氧化硅和氟化钙的含量，见表7-3-2；牌号中第三位数字表示同一牌号焊剂的不同品种，按0、1、2……9顺序排列。同一牌号焊剂具有两种不同颗粒度时，在细颗粒焊剂牌号后加"细"字表示。

焊剂牌号、类型和氧化锰含量　　　表 7-3-1

牌　　号	类　　型	氧化锰含量（%）
焊剂 1××	无　锰	≤2
焊剂 2××	低　锰	2~15
焊剂 3××	中　锰	15~30

续表

牌　号	类　型	氧化锰含量（%）
焊剂 4××	高锰	>30
焊剂 5××	陶质型	
焊剂 6××	烧结型	

焊剂牌号、类型和二氧化硅、氟化钙含量　表 7-3-2

牌　号	类　型	二氧化硅含量（%）	氟化钙含量（%）
焊剂×1×	低硅低氟	<10	<10
焊剂×2×	中硅低氟	10~30	<10
焊剂×3×	高硅低氟	>30	<10
焊剂×4×	低硅中氟	<10	10~30
焊剂×5×	中硅中氟	10~30	10~30
焊剂×6×	高硅中氟	>30	10~30
焊剂×7×	低硅高氟	<10	>30
焊剂×8×	中硅高氟	10~30	>30

三、几种常用焊剂

几种常用焊剂及其组成成分见表 7-3-3。

焊剂 330 和焊剂 350 均为熔炼型中锰焊剂。前者呈棕红色玻璃状颗粒，粒度为 8~40 目（0.4~3mm）；后者呈棕色至浅黄色玻璃状颗粒，粒度为 8~40 目（0.4~3mm）及 14~80 目（0.25~1.6mm）。焊剂 431 和焊剂 430 均为熔炼型高锰焊剂。前者呈棕色至褐绿色玻璃状颗粒，粒度为 8~40 目（0.4~3mm）；后者呈棕色至褐绿色玻璃状颗粒，粒度为 8~40 目（0.4~3mm）及数 4~80 目（0.25~1.6mm）。上述四种焊剂均可交直流两用。现在施工中，常用的是 HJ431。HJ431 为高锰高硅低氟熔炼型焊剂。

常用焊剂的组成成分（%） 表 7-3-3

焊剂牌号	SiO_2	CaF_2	CaO	MgO	Al_2O_3	MnO	FeO	$K_2O + Na_2O$	S	P
焊剂 330	44~48	3~6	≤3	16~20	≤4	22~26	≤1.5	—	≤0.08	≤0.08
焊剂 350	30~55	14~20	10~18	—	13~18	14~19	≤0.1	—	≤0.06	≤0.06
焊剂 430	38~45	5~9	≤6	—	≤5	38~47	≤1.8	—	≤0.10	≤0.10
焊剂 431	40~44	3~6.5	≤5.5	5~7.5	≤4	34~38	≤1.8	—	≤0.08	≤0.08

焊剂若受潮，使用前必须烘焙，以防止产生气孔等缺陷，烘焙温度一般为 250℃，保温 1~2h。

四、钢筋电渣压力焊专用焊剂

湖南永州哈陵焊接器材有限责任公司研制一种钢筋电渣压力焊专用焊剂 HL801（哈陵801），该种焊剂属中锰中硅低氟熔炼型焊剂，碱度为 0.8~1.0。其化学成分配比见表 7-3-4。

HL801 焊剂成分配比（%） 表 7-3-4

$SiO_2 + MnO$	$Al_2O_3 + TiO_2$	CaO + MgO	CaF_2	FeO	P	S
>60	<18	<15	5~10	3.5	≤0.08	≤0.06

通过焊接试验，对工艺参数作适当调整，可以进一步改善焊接工艺性能：起弧容易，利用钢筋本身接触起弧，正确操作时可一次性起弧；电弧过程、电渣过程稳定，能使用较

小功率焊机焊接较大直径的钢筋,例如,配备 BX3-630 焊接变压器可以焊接直径 32mm 钢筋;渣包及焊包成型好,脱渣容易,轻敲即可全部脱落,焊包大小适中,包正、圆滑、明亮,无夹渣、咬边、气孔等缺陷。

第四节 电渣压力焊工艺

一、操作要求

电渣压力焊的工艺过程和操作应符合下列要求:

(1) 焊接夹具的上下钳口应夹紧于上、下钢筋的适当位置,钢筋一经夹紧,严防晃动,以免上、下钢筋错位和夹具变形;

(2) 引弧宜采用钢丝圈或焊条头引弧法,也可采用直接引弧法;

(3) 引燃电弧后,先进行电弧过程,之后,转变为电渣过程的延时,最后在断电的同时,迅速下压上钢筋,挤出熔化金属和熔渣;

(4) 接头焊毕,应停歇适当时间,才可回收焊剂和卸下焊接夹具,敲去渣壳,四周焊包应较均匀,凸出钢筋表面的高度至少 4mm,确保焊接质量,如图 7-4-1 所示。

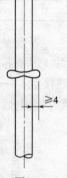

图 7-4-1 钢筋电渣压力焊接头

二、电渣压力焊参数

电渣压力焊主要焊接参数包括:焊接电流、焊接电压和焊接通电时间,参见表 7-4-1。

不同直径钢筋焊接时,按较小直径钢筋选择参数,焊接通电时间适当延长。

电渣压力焊焊接参数　　　　表 7-4-1

钢筋直径 (mm)	焊接电流 (A)	焊接电压 (V)		焊接通电时间 (s)	
		电弧过程 $u_{2.1}$	电渣过程 $u_{2.2}$	电弧过程 t_1	电渣过程 t_2
14	200~220	35~45	18~22	12	3
16	200~250			14	4
18	250~300			15	5
20	300~350			17	5
22	350~400			18	6
25	400~450			21	6
28	500~550			24	6
32	600~650			27	7

焊接参数图解见图 7-4-2。图中钢筋位移 S 指采用钢丝圈（焊条芯）引弧法。若采用直接收弧法，上钢筋先与下钢筋接触，一旦通电，上钢筋立即上提；或者先留 1~2mm 间隙，通电后，将上钢筋往下触，并立即上提。

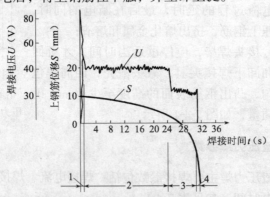

图 7-4-2　钢筋电渣压力焊焊接参数图解（φ28mm）
1—引弧过程；2—电弧过程；3—电渣过程；4—顶压过程

不同牌号不同直径钢筋电渣压力焊接头纵剖面宏观组织如图 7-4-3 所示。

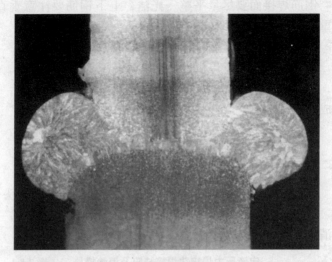

图 7-4-3　BSt.42/50 + 16Mn 钢筋接头宏观组织

三、几点经验

（1）焊接电流大小适宜。

焊接电流不宜过大，过大，钢筋熔化加速，上钢筋变细，形成小沟槽；另外，晶粒过于粗大。但是，也不宜过小。电流过小使钢筋熔合不良，特别是大直径钢筋容易在钢筋心部焊接不良；或者焊剂夹在端口处，使焊缝断裂，在工地试焊时，宜先选用下限电流试焊。

（2）电渣过程时间和顶压要到位。

电渣过程时间要适中，只要保证不夹渣就可。顶压要到位，保证上下钢筋心部直接接触。

(3) 钢筋要处理好。

钢筋焊接面要尽量平整、光洁，上下钢筋要注意垂直。严重不平或有锈污的，要加以处理。

(4) 焊接设备性能符合要求。

焊接时，要注意焊机容量、电源电压是否符合要求，否则，由于电容量不够，焊接熔化量不够，挤压不能到位，易形成"虚焊"。

第五节 焊接缺陷及消除措施

在焊接生产中，焊工应认真进行自检，若发现接头偏心、弯折、烧伤等焊接缺陷，宜按照表 7-5-1 查找原因，及时消除。

电渣压力焊接头焊接缺陷及消除措施　　　表 7-5-1

项　次	焊接缺陷	消　除　措　施
1	轴线偏移	1. 矫直钢筋端部 2. 正确安装夹具和钢筋 3. 避免过大的顶压力 4. 及时修理或更换夹具
2	弯　折	1. 矫直钢筋端部 2. 注意安装与扶持上钢筋 3. 避免焊后过快卸夹具 4. 修理或更换夹具
3	咬　边	1. 减小焊接电流 2. 缩短焊接时间 3. 注意上钳口的起始点，确保上钢筋顶压到位
4	未焊合	1. 增大焊接电流 2. 避免焊接时间过短 3. 检修夹具，确保上钢筋下送自如

续表

项 次	焊接缺陷	消 除 措 施
5	焊包不匀	1. 钢筋端面力求平整 2. 填装焊剂尽量均匀 3. 延长焊接时间，适当增加熔化量
6	气 孔	1. 按规定要求烘焙焊剂 2. 消除钢筋焊接部位的铁锈 3. 确保接缝在焊剂中合适埋入深度
7	烧 伤	1. 钢筋导电部位除净铁锈 2. 尽量夹紧钢筋
8	焊包下淌	1. 彻底封堵焊剂罐的漏孔 2. 避免焊后过快回收焊剂

思 考 题

1. 绘出钢筋电渣压力焊过程示意图。
2. 写出钢筋电渣压力焊的适用范围。
3. 焊剂的作用是什么？
4. 钢筋电渣压力焊的操作要求是什么？
5. 施焊中可能产生的焊接缺陷有哪些？如何消除？

第八章 钢筋气压焊和氧气切割

第一节 名词解释、特点和适用范围

一、名词解释

1. 钢筋气压焊

钢筋气压焊是采用燃料气体与氧燃烧所产生的火焰，对两钢筋对接处进行加热，使其达到一定温度，加压完成的一种压焊方法。

常用的火焰为氧乙炔焰，即氧炔焰。正在推广采用的有氧液化石油气火焰。

钢筋气压焊有固态气压焊（闭式）和熔态气压焊（开式）两种。固态气压焊是将两钢筋端面紧密闭合，局部间隙小于等于 3mm，加热到 1200~1250℃，加压完成的一种方法，属固态压力焊范畴。

熔态气压焊是将两钢筋稍加离开，使钢筋端面加热到熔化温度，加压完成的一种方法，属熔态压力焊范畴。

过去使用的主要是固态气压焊，现在，正在推广的为熔态气压焊。

热影响区宽度见第三章第一节中名词解释。

2. 氧乙炔焰

乙炔与氧混合并燃烧形成的火焰。其温度较高，在气焊、气压焊和氧气切割中，常用来对金属加热的热源。

调节焊炬、加热器或割炬上的进气阀，改变氧与乙炔的比例，可以得到5种典型的火焰状态，见图8-1-1。

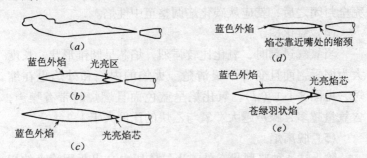

图 8-1-1　氧炔焰状态

（a）乙炔焰；（b）碳化焰；（c）中性焰；（d）氧化焰；（e）脱离焰

(1) 乙炔焰

当乙炔在空气中燃烧时，产生一个在喷嘴附近为黄色、外端为暗红色的逐渐过渡的火焰，黑色尘粒飘过空气，这种火焰不能用来焊接，见图8-1-1（a）。

(2) 碳化焰

随着加热器的氧气阀逐渐打开，氧对乙炔的比例增加，整个火焰变得明亮，然后明亮区朝喷嘴收缩，形成一定长度的光亮区，在其外围为蓝色，如图8-1-1（b）。由于有过量乙炔，形成碳化焰。碳化焰有还原性质，火焰温度较低。在钢筋气压焊的开始阶段，宜采用碳化焰，防止钢筋端面氧化，但同时有"增碳"作用，使焊缝增碳。氧与乙炔的比例为 0.85～0.95∶1。

(3) 中性焰

图 8-1-1（c）为中性焰。氧与乙炔的体积比为 1.10～1.15:1。这种火焰温度较高，焰芯端部前的最高温度为 3150℃。它具有轮廓显明的焰芯，它的端部可调成圆形，是一般气焊的理想火焰。在钢筋气压焊中，当压焊面缝隙确认完全封闭之后，就应从碳化焰调整至中性焰。

(4) 氧化焰

当氧气过剩时，氧化比较强烈，焰芯呈圆锥形状，长度大为缩短，而且变得不很清楚。火焰的内焰和外焰也在缩短，见图 8-1-1（d）。氧化焰呈蓝色而且燃烧时带有噪声，含氧量越多，噪声越大。氧与乙炔的比例大于 1.2:1。

(5) 脱离焰

除上述 4 种典型状态外，当气体压力高出所用喷嘴的标定压力很多时，气流速度大于燃烧速度，火焰便脱离喷嘴，见图 8-1-1（e），甚至会吹灭。这是一种不正常的火焰状态，必须避免。造成这种状态的另一个原因是喷嘴出口局部被堵塞。

3. 氧液化石油气火焰

氧液化石油气火焰是液化石油气与氧混合燃烧的火焰，温度为 2200～2800℃，稍低于氧乙炔火焰。

燃烧分两个阶段，第一阶段是来源于氧气瓶的氧与液化石油气瓶中丙烷的有效混合而燃烧，形成焰芯，并产生中间产物；

第二阶段是，中间产物与火焰周围空气中供给的氧燃烧，形成外焰，见图 8-1-2。

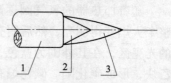

图 8-1-2 氧液化石油气火焰

1—喷嘴；2—焰芯；3—外焰

二、特点

钢筋气压焊设备轻便，可进行钢筋在水平位置、垂直位置、倾斜位置等全位置焊接。

钢筋气压焊可用于同直径钢筋或不同直径钢筋间的焊接。当两钢筋直径不同时，其径差不得大于7mm。若差异过大，容易造成小钢筋过烧，大钢筋温度不足而产生未焊透。

采用氧液化石油气火焰加热，与采用氧炔焰比较，可以降低成本。采用熔态气压焊，与采用固态气压焊比较，可以免除对钢筋端面平整度和清洁度的苛刻要求，方便施工。

三、适用范围

钢筋气压焊适用于 $\phi14 \sim \phi40$mm 热轧 HPB 235、HRB 335、HRB 400 钢筋。

在钢筋固态气压焊过程中，要防止在焊缝中出现"灰斑"。

灰斑是气压焊接头中主要焊接缺陷。灰斑是硅、锰的氧化物，在结合面上受挤压而碾成。灰斑在接头中不是原子结合，而是氧化物分子的粘合，它使接头有一定强度，但比原子结合的强度低得多，也脆得多。

灰斑也称"平破面"，实际上"平破面"的含义比"灰斑"更广些。

钢筋气压焊的应用范围不断扩大，从城市到乡镇，从大型建筑公司到中小施工单位，从房屋建筑到公路、铁路桥梁工程。

第二节　气压焊设备

一、氧气瓶

氧气瓶用来存储及运输压缩的气态氧。氧气瓶有几种规格，最常用的为容积40L的钢瓶，见图 8-2-1 (a)。各项参数如下：

外径　219mm
壁厚　8mm
筒体高度　1310mm
容积　40L
质量（装满氧气）　76kg
瓶内公称压力　14.71MPa
储存氧气　6m³

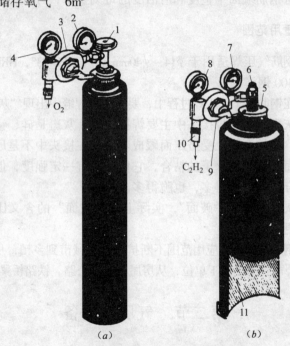

图 8-2-1　氧气瓶和乙炔气瓶
(a)氧气瓶；(b)乙炔气瓶
1—氧气阀；2—氧气瓶压力表；3—氧减压阀；4—氧工作压力表；5—易熔阀；
6—阀帽；7—乙炔瓶压力表；8—乙炔工作压力表；9—乙炔减压阀；
10—干式回火防止器；11—含有丙酮多孔材料

为了便于识别，应在氧气瓶外表涂以天蓝色或浅蓝色，并漆有"氧气"黑色字样。

二、乙炔气瓶

乙炔气瓶是储存及运输溶解乙炔的特殊钢瓶；在瓶内填满多孔性物质，在多孔性物质中浸渍丙酮，丙酮用来溶解乙炔，见图8-2-1（b）。

多孔性物质的作用是防止气体的爆炸及加速乙炔溶解于丙酮的过程。多孔性物质上有大量小孔，小孔内存有丙酮和乙炔。因此，当瓶内某处乙炔发生爆炸性分解时，多孔性物质就可限制爆炸蔓延到全部。

多孔性物质是轻而坚固的惰性物质，使用时不易损耗，并且当撞击、推动及振动钢瓶时不致沉落下去。多孔性物质，以往均采用打碎的小块活性碳。现在有的改用以硅藻土、石灰、石棉等为主要成分的混合物，在泥浆状态下填入钢瓶，进行水热反应（高温处理）使其固化、干燥而制得的硅酸钙多孔物质。空隙率要求达到90%～92%。

乙炔瓶主要参数如下：

外径　　255～285mm

壁厚　　3mm

高度　　925～950mm

容积　　40L

质量（装满乙炔）　69kg

瓶内公称压力（当室温为15℃）　1.52MPa

储存乙炔气　6m^3

丙酮是一种透明带有辛辣气味的易蒸发的液体，在15℃时的相对密度为0.795，沸点为55℃。乙炔在丙酮内的溶解度决定于其温度和压力的大小。乙炔从钢瓶内输出时一部分丙酮将为气体所带走。输出 $1m^3$ 乙炔，丙酮的损失约为 50~100g。

在使用强功率多嘴环管加热器时，为了避免大量丙酮被带走，乙炔从瓶内输出的速率不得超过 $1.5m^3/h$，若不敷使用时，可以将两瓶乙炔并联使用。乙炔钢瓶必须安放在垂直的位置。当瓶内压力减低到 0.05MPa 时，应停止使用。

乙炔钢瓶的外表应涂白色，并漆有"乙炔"红色字样。

三、液化石油气瓶

1. 液化石油气瓶规格

液化石油气瓶是专用容器，按用量和使用方式不同，气瓶有 10kg、15kg、36kg、50kg 等多种规格，以 50kg 规格为例，主要参数如下：

外径　406mm
壁厚　3mm
高度　1215mm
容积　≥118L

瓶内公称压力（当室温为15℃）为 1.57MPa，最大工作压力为 1.6MPa，水压试验为 3MPa。气瓶通过试验鉴定后，应将制造厂名、编号、质量、容积、制造日期、工作压力等项内容，标在气瓶的金属铭牌上，并应盖有国家检验部门的钢印。气瓶体涂银灰色，注有"液化石油气"的红色字样，气瓶外形如图 8-2-2 所示。

2. 液化石油气瓶的安全使用

(1) 气瓶不得充满液体，必须留有 10%~20% 的气化空间，防止液体随环境温度升高而膨胀，导致气瓶破裂。

(2) 胶管和密封垫材料应选用耐油橡胶。

(3) 防止暴晒，贮存室要通风良好、室内严禁明火。

(4) 瓶阀和管接头处不得漏气，注意检查调压阀连接处丝扣的磨损情况，防止由于磨损严重或密封垫圈损坏、脱落而造成的漏气。

(5) 严禁火烤或沸水加热，冬季使用必要时可用温水加温。远离暖气和其他热源。

(6) 不得自行倒出残渣，以免遇火成灾。

(7) 瓶底不准垫绝缘物，防止静电积蓄。

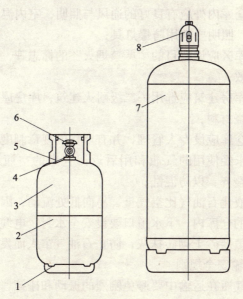

图 8-2-2 液化石油气钢瓶（据 GB 5842—86）

1—底座；2—下封头；3—上封头；4—瓶阀座；5—护罩；
6—瓶阀；7—筒体；8—瓶帽

四、气瓶的贮存与运输

1. 贮存的要求

（1）各种气瓶都应各设仓库单独存放，不准和其他物品合用一库。

（2）仓库的选址应符合以下要求：

1）远离明火与热源，且不可设在高压线下；

2）库区周围15m内，不应存放易燃易爆物品，不准存放油脂、腐蚀性、放射性物质；

3）有良好的通道，便于车辆出入装卸；

（3）仓库内外应有良好的通风与照明，室内温度控制在40℃以下，照明要选用防爆灯具；

（4）库区应设醒目的"严禁烟火"的标志牌，消防设施要齐全有效；

（5）库房建筑应选用一二级耐火建筑，库房屋顶应选用轻质非燃烧材料；

（6）仓库应设专人管理，并有严格的规章制度；

（7）未经使用的气瓶和用后返回仓库的空瓶应分开存放，排列整齐，以防混乱；

（8）液化石油气比空气重，易向低处流动，因此，存放石油气瓶的仓库内，下水道口要设安全水封，电缆沟口、暖气沟口要填装砂土砌砖抹灰，防止石油气窜入而发生危险。

2. 运输安全规则

（1）气瓶在运输中要避免剧烈的振动和碰撞，特别是冬季瓶体金属韧性下降时，更应格外注意。

（2）气瓶应装有瓶帽，防止碰坏瓶阀。搬运气瓶时，应使用专用小车，不准肩扛、背负、拖拉或脚踹。

(3) 批量运输时,要用瓶架将气瓶稳固定,轻装轻卸,禁止从高处下滑或从车上往下扔。

(4) 夏季远途运输,气瓶要加覆盖,防止暴晒。

(5) 禁止用起重设备直接吊运钢瓶,已充气的钢瓶禁止喷漆作业。

五、减压器

减压器是用来将气体从高压降低到低压,并显示瓶内高压气体压力和减压后工作压力的装置。此外,还有稳压的作用。

QD-2A 型单级氧气减压器的高压额定压力为 15MPa,低压调节范围为 0.1～1.0MPa。

乙炔气瓶上用的 QD-20 型单级乙炔减压器的高压额定压力为 1.6MPa,低压调节范围为 0.01～0.15MPa。

减压器的工作原理见图 8-2-3,其中,单级反作用式减压器应用较广。

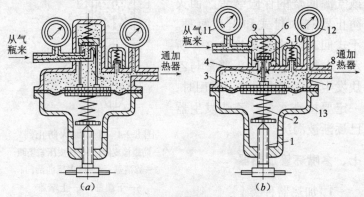

图 8-2-3 单级减压器工作原理
(a) 正作用;(b) 反作用
1—调节螺栓;2—调节弹簧;3—弹性薄膜;4—活门顶杆;5—减压活门;6—高压气室;7—低压气室;8—出气管;9—副弹簧;10—安全阀;11—高压表;12—低压表;13—本体

采用氧液化石油气压焊时,液化石油气瓶上的减压器外形和工作原理与用于乙炔气瓶上的相同。但减压表应采用碳三表,或丙烷表,参数见表8-2-1。

主要技术规格参数　　　　　表 8-2-1

名称	型号	输入压力（MPa）	调节范围（MPa）	配套压力表（MPa）		流量（m³/h）
				输入	输出	
碳三减压器	YQC₃-33A	1.6	0.01~0.15	2.5	0.25	5
	YQC₃-33B	1.6	0.01~0.15	4	0.25	6
丙烷减压器	YQW-3A	1.6	0.01~0.25	2.5	0.4	6
	YQW-2A	1.6	0.01~0.1	2.5	0.15	5

六、回火防止器

回火防止器是装在燃料气体系统上防止火焰向燃气管路或气源回烧的保险装置。回火防止器有水封式和干式两种。干式回火防止器如图8-2-4所示。水封式回火防止器常与乙炔发生器组装成一体,使用时,一定要检查水位。乙炔发生器已逐渐被淘汰。

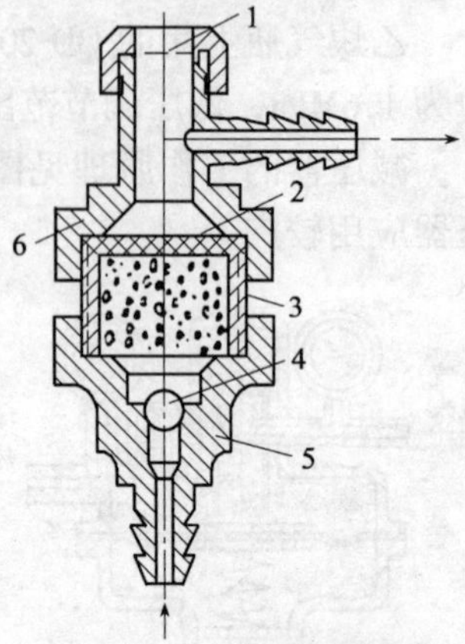

图8-2-4　干式回火防止器
1—防爆橡皮圈;2—橡皮压紧垫圈;
3—滤清器;4—橡皮反向活门;
5—下端盖;6—上端盖

七、多嘴环管加热器

1. 加热器种类

多嘴环管加热器,以下简称加热器,是混合乙炔和氧气,经喷射后组成多火焰的钢筋气压焊专用加热器具,由混合室和加热圈两部分组成。

加热器按气体混合方式不同，可分为两种：射吸式（低压的）加热器和等压式（高压的）加热器。目前采用的多数为射吸式，但从发展来看，宜逐渐改用等压式。

在采用射吸式加热器时，氧气通入后，先进入射吸室，由射吸室通道流出时发生很高的速度，这样的结果，就造成围绕射吸口环形通道内气体的稀薄，因而促成对乙炔的抽吸作用，使乙炔以低的压力进入加热器。氧与乙炔在混合室内混合之后，再流向加热器的喷嘴喷口而出，如图8-2-5所示。

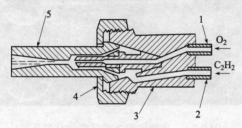

图 8-2-5 射吸式混合室
1—高压氧；2—低压乙炔；3—手把；4—固定螺帽；5—混合室

当采用等压式加热器时，易于使氧乙炔气流的配比保持稳定。

当加热器喷口出来的气体速度减低时，喷口被堵塞，以及加热器管路受热至高出一定温度范围时，则会发生"回火"现象。

加热器的喷嘴数有 6、8、10、12、14 个不等，根据钢筋直径大小选用。在一般情况下，当钢筋直径为 25mm 及以下时，喷嘴数为 6 个或 8 个；钢筋直径为 25~32mm 及以下喷嘴数为 8 个或 10 个；钢筋直径为 32~40mm 及以下喷嘴数为 10 个或 12 个。从环管形状来分，有圆形、矩形及 U 形多种。从喷嘴与环管的连接来分，有平接头式（P），有弯头式（W），见图8-2-6。

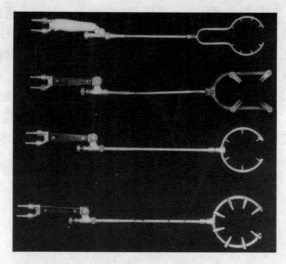

图8-2-6 几种常用多嘴环管加热器外形

2. 加热器使用性能要求

（1）射吸式加热器的射吸能力，或等压式加热器中乙炔与氧的混合和供气能力，必须与多个喷嘴的总体喷射能力相适应。

（2）加热器的加热能力应与所焊钢筋直径的粗细相适应，以保证钢筋的端部经过较短的加热时间，达到所需要的高温。

（3）加热器各连接处，应保持高度的气密性。在下列进气压力下不得漏气：

氧气通路内按氧气工作压力提高50%；乙炔和混合气通路内压力为0.25MPa。

(4) 多嘴环管加热器的火焰应稳定，当风速为6m/s的风垂直吹向火焰时，火焰的焰芯仍应保持稳定。火焰应有良好挺度，多束火焰应均匀，并且有聚敛性，焰芯形状应呈圆柱形，顶端为圆锥形或半球形，不得有偏斜和弯曲。

(5) 多嘴环管加热器各气体通路的零件应用抗腐蚀材料制造，乙炔通路的零件不得用含铜量大于70%的合金制造。在装配之前，凡属气体通路的零部件必须进行脱脂处理。

(6) 射吸式多嘴环管加热器基本参数见表8-2-2。

射吸式多嘴环管加热器基本参数　　表 8-2-2

加热器代号	加热嘴数（个）	焊接钢筋额定直径（mm）	加热嘴孔径（mm）	焰芯长度（mm）	氧气工作压力（MPa）	乙炔工作压力（MPa）
W6	6	25	1.10	≥8	0.6	0.05
W8	8	32	1.10	≥8	0.7	0.05
W12	12	40	1.10	≥8	0.8	0.05
P8	8	25	1.00	≥7	0.6	0.05
P10	10	32	1.00	≥7	0.7	0.05
P14	14	40	1.00	≥7	0.8	0.05

(7) 采用氧液化石油气压焊时，多嘴环管加热器的外形和射吸式构造与氧乙炔气压焊时基本相同；但喷嘴端面为梅花式，中间一个大孔，周围6个小孔，见图 8-2-7（无锡市日新机械厂生产）。

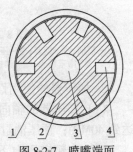

图 8-2-7　喷嘴端面
1—紫铜；2—黄铜；
3—大孔；4—小孔

八、加压器

1. 加压器组成

加压器为钢筋气压焊中对钢筋施加顶压力的压力源装置。

加压器由液压泵、液压表、橡胶软管和顶压油缸四部分组成。

液压泵有手动式、脚踏式和电动式三种。

手动式加压器的构造见图8-2-8。

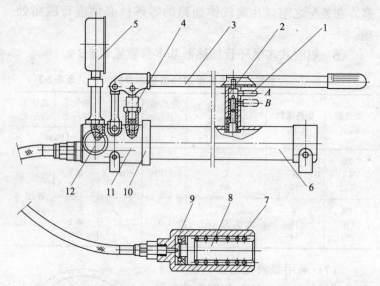

图8-2-8 手动式加压器构造
1—锁柄；2—锁套；3—压把；4—泵体；5—压力表；6—油箱；7—弹簧；8—活塞顶头；9—油缸体；10—连接头；11—泵座；12—卸载阀

2．加压器的使用性能要求

（1）加压器的轴向顶压力应保证所焊钢筋断面上的压力达到40MPa；顶压油缸的活塞顶头应保证有足够的行程。

（2）在额定压力下，液压系统关闭卸荷阀1min后，系统压力下降值不超过2MPa。

(3) 加压器的无故障工作次数为 1000 次，液压系统各部分不得漏油，回位弹簧不得断裂，与焊接夹具的连接必须灵活、可靠。

(4) 橡胶软管应耐弯折，质量符合有关标准的规定，长度 2~3m。

(5) 加压器液压系统推荐使用 N46 抗磨液压油，应能在 70℃以下正常使用。顶压油缸内密封环应耐高温。

(6) 达到额定压力时，手动油泵的杠杆操纵力不得大于 350N。

(7) 电动油泵的流量在额定压力下应达到 0.25L/min。手动油泵在额定压力下排量不得小于 10mL/次。

(8) 电动油泵供油系统必须设置安全阀，其调定压力应与电动油泵允许的工作压力一致。

(9) 顶压油缸的基本参数见表 8-2-3。

顶压油缸基本参数　　　　　　表 8-2-3

顶压油缸代号	活塞直径	活塞杆行程	额定压力 (MPa)
	(mm)		
DY32	32	45	31.5
DY40	40	60	40
DY50	50	60	40

九、焊接夹具

1. 焊接夹具形式

焊接夹具是用来将上、下（或左、右）两根钢筋夹牢，并对钢筋施加顶压力的装置。常用的焊接夹具如图 8-2-9 所示。

焊接夹具的卡帽有卡槽式和花键式二种。

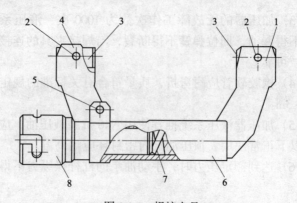

图 8-2-9 焊接夹具

1—定夹头；2—紧固螺栓；3—夹块；4—动夹头；5—调整螺栓；
6—夹具体；7—回位弹簧；8—卡帽（卡槽式）

2．焊接夹具的使用性能要求

（1）焊接夹具应保证夹持钢筋牢固，在额定荷载下，钢筋与夹头间相对滑移量不得大于 5mm，并便于钢筋的安装定位。

（2）在额定荷载下，焊接夹具的动夹头与定夹头的同轴度偏差不得大于 $\phi 0.25mm$。

（3）焊接夹具的夹头中心线与筒体中心线的平行度偏差不得大于 0.25mm。

（4）焊接夹具装配间隙累积偏差不得大于 0.50mm。

（5）动夹头轴线相对定夹头的轴线可以向两个调中螺栓方向移动，每侧幅度不得小于 3mm。

（6）动夹头应有足够的行程，保证现场最大直径钢筋焊接时顶压镦粗的需要。

（7）动夹头和定夹头的固筋方式有 4 种，如图 8-2-10 所示。使用时不应损伤带肋钢筋肋下钢筋的表面。

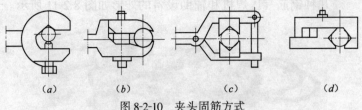

图 8-2-10 夹头固筋方式

(a) 螺栓顶紧;(b) 钳口夹紧;(c) 抱合夹紧;(d) 斜铁楔紧

(8) 焊接夹具的基本参数见表 8-2-4。

焊接夹具基本参数 (mm)　　　表 8-2-4

焊接夹具代号	焊接钢筋额定直径	额定荷载 (kN)	允许最大载荷 (kN)	动夹头有效行程	动、定夹头净距	夹头中心与筒体外缘净距
HJ25	25	20	30	≥45	160	70
HJ32	32	32	48	≥50	170	80
HJ40	40	50	65	≥60	200	85

当加压时,由于顶压油缸的轴线与钢筋的轴线不是在同一中心线上,力是从顶压油缸的顶头顶出,通过焊接夹具的动、定夹头再传给钢筋,因而产生一个力矩;另外滑柱在筒体内摩擦,这些均消耗一定的力。经测定,实际施加于钢筋的顶压力约为顶压油缸顶出力的 0.84~0.87,计算钢筋顶压力时,可采用压力传递折减系数 0.8。

十、几种钢筋气压焊机和辅助设备外形

在钢筋气压焊时,除了上述主要设备外,还需要一些辅助设备。

无齿锯(圆片锯)常用于锯平钢筋的端面;角向磨光机用来磨去钢筋端面氧化膜和钢筋端头上的毛刺。此外,还有钢筋切断机等。

几种钢筋气压焊机和辅助设备的外形如图 8-2-11 所示。

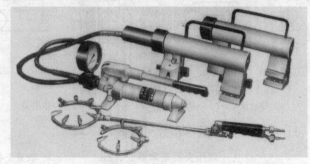

(a)

(b)

(c)

图 8-2-11　几种钢筋气压焊机和辅助设备外形（一）
(a) SKQ-32/36 型滑块楔紧式气压焊机（陕西省建研院）；
(b) TJA-Ⅲ型全封闭式电动气压焊机（太湖建筑技术研究所）；
(c) GQH-ⅢA 型手动加压气压焊机（无锡市日新机械厂）

(d)

图 8-2-11 几种钢筋气压焊机和辅助设备外形（二）

(d) TJB-Ⅰ型手提式钢筋切断机（太湖建筑技术研究所）

第三节 氧气、乙炔和液化石油气

一、氧气

气态氧是无色、透明，而且无臭无味。氧的化学性质极为活泼，除稀有气体外，几乎能与所有元素化合。氧的分子量为32。$1m^3$ 的氧在0℃和0.1MPa压力下重1.43kg，其密度，与空气相比为1.1053。

工业上最常用的制氧方法是液态空气制氧法。因此，工业用氧中难免含有杂质气体成分，工业用氧的纯度达到99.5%为一级纯度，达到98.0%为二级纯度。

有机物在氧气里的氧化反应，具有放热的性质，而在反应进行时排出大量的热量。当使用氧气时，尤其是在压缩氧状态下，必须经常地注意，不要使它和易燃物质相接触。

二、乙炔气

1. 乙炔的性质

乙炔是未饱和的碳氢化合物,它的分子式是 C_2H_2。在普通温度和大气压力下,乙炔是无色的气体。工业乙炔中,因为混有许多杂质,如磷化氢及硫化氢等,具有刺鼻的特别气味。

在 20℃ 和 0.1MPa 压力下,乙炔对空气的密度比为 0.9056。

乙炔的爆炸性首先决定于乙炔在此一瞬间的压力和温度。同时,乙炔爆炸的可能性也决定于其中含有的杂质、水分、有无媒触剂、火源的性质、容器的大小和形状、散热的条件等。当乙炔爆炸时,乙炔分解产物所在容器中的绝对压力,能提高到 11~12 倍。

在一定的条件下,乙炔可能与铜和银等重金属发生反应而产生乙炔化合物,也就是有爆炸性物质。因此,凡是供乙炔用的器材,都禁止使用含铜量在 70% 以上的合金。

如果气体中含有氧气,则该气体与乙炔的混合气能提高乙炔的爆炸性,乙炔与空气或纯氧的混合气,如果其中任何一点达到了自燃温度(乙炔-空气混合气的自燃温度等于 305℃),就是在大气压力下也能爆炸。

含有 2.2%~81% 乙炔的乙炔-空气混合气均属爆炸(发火)范围。其中,含有 7%~13% 乙炔的,为最有危险范围。含有 2.8%~93.0% 乙炔的乙炔-氧气混合气也属爆炸范围。其中,当含有乙炔约 30% 时为最有危险。

把乙炔溶解在液体,例如丙酮里,能降低乙炔的爆炸性,这是由于乙炔分子之间被液体成分的微粒所隔离。

乙炔能在多种液体中溶解。在一个大气压和15℃温度下，在1L丙酮（CH_3COCH_3）中能溶解23L的乙炔。但是随着温度的升高，其溶解度将降低，当温度达到40℃时，其溶解度为13L。气瓶受热时，乙炔丙酮溶液的体积变大。如果这时把气瓶的全部容积充满了液体，则以后受热时，气瓶中的压力会急剧增高，以致对于气瓶的极限强度发生危险。丙酮中混有水分是特别有害的，水分留存在气瓶里，就会在瓶内逐渐集中，可能使气瓶的气体容量剧烈降低。所以充入气瓶的乙炔应是预先经过干燥的乙炔。

2. 乙炔气瓶中取出的乙炔要求

（1）空气和其他难溶于水的杂质的含量不得多于2%（以容积计）；

（2）磷化氢 PH_3 的含量不得多于 0.06%（以容积计）（工业级）；

（3）硫化氢 H_2S 的含量不得多于 0.10%（以容积计）（工业级）；

（4）气瓶中气体的压力必须适合于周围环境的温度。

三、液化石油气

1. 液压石油气成分

液化石油气是油田开采或炼油工业中的副产品，它在常温常压下呈气态，其主要成分是丙烷（C_3H_8），占50%~80%，其余是丁烷（C_4H_{10}），还有少量丙烯（C_3H_6）及丁烯（C_4H_8），为碳氢化合物组成的混合物。为了确保安全使用，液化石油气中加入微量加臭剂，因而具有特殊臭味。

液化石油气约在 0.8~1.5MPa 压力下即变成液体，便于瓶装贮存运输。

近年来，随着我国石油工业的迅猛发展，由于液化石油气热值较高，价格低廉，又较安全，乙炔有被液化石油气部分取代的趋势。目前，国内外已把液化石油气作为一种新的生产性燃料，广泛应用于钢板的气割和低熔点有色金属的焊接。在我国部分地区，开始推广采用钢筋氧液化石油气压焊。

液化石油气具有一定的毒性，当空气中的含量超过 0.5% 时，人体吸入少量的液化石油气后，一般不会引起中毒，而在空气中其浓度较高时，长时间吸入就会引起中毒。若浓度超过 10% 时，且停留 2min，人就会出现头晕等中毒危险。

2. 液化石油气的主要性质

（1）在标准状态下，液化石油气的密度为 $1.6 \sim 2.5 kg/m^3$。气态时，比同体积的空气、氧气重；液态时，比同体积的水和汽油轻。液化石油气的密度约为空气的 1.5 倍，易于向低处流动而滞留积聚；液态时能浮在水面上，随水流动并在死角积聚。液化石油气是一种带有特殊臭味的无色气体，含有硫化物。

（2）液化石油气中的主要成分均能与空气或氧气混合构成爆炸性的混合气体，但爆炸极限范围比乙炔窄，因此使用液化石油气比乙炔安全。例如，空气中含有 2.1%～9.5% 的丙烷或含有 1.5%～8.5% 的丁烷才会爆炸，而液化石油气与氧气混合的爆炸极限为 3.2%～64%。

（3）液化石油气与空气混合后，只要遇到微小的火源，就能引燃。因为液态石油气易挥发、闪点低，在低温时它的易燃性很大。如丙烷挥发点为 -42℃，闪点为 -20℃，若它从气瓶或管道内滴漏出来，在常温下会迅速挥发成 250～300

倍体积的气体向四周快速扩散,在液化石油气积聚部位附近的空间形成爆炸性混合气体,当温度达到闪点时就能点燃。因此,在点燃液化石油气时,要先点燃引火物后再开气,切忌颠倒顺序。

(4) 液化石油气达到完全燃烧所需的氧气量比乙炔所需氧气量大。采用液化石油气代替乙炔后,消耗氧气量较多,所以用在切割时,应对原有割炬的结构进行相应的改制。用于钢筋氧液化石油气压焊时,对多嘴环管加热器中的射吸室和喷嘴构造也应作适当改造。

(5) 液化石油气在氧气中的燃烧速度较慢。如丙烷的燃烧速度是乙炔的1/4左右,因而切割时要求割炬有较大混合气的喷出截面,降低流出速度,才能保证良好的燃烧。

(6) 液化石油气燃烧时获得的火焰温度低。它与氧气混合燃烧的火焰温度为2200~2800℃,此温度应用于气割时,金属的预热时间比乙炔稍长,但其切割质量容易保证,可减少切割口边高温过热燃烧现象,提高切口的光洁度和精度。同时,也可使几层钢板叠在一起切割,各层之间互不粘连。

(7) 液化石油气对普通橡胶管和衬垫具有一定的浸润膨胀和腐蚀作用,易造成胶管和衬垫穿孔或破裂,发生漏气。

第四节 固态气压焊工艺

一、焊前准备

气压焊施焊前,钢筋端面应切平,并宜与钢筋轴线相垂直;在钢筋端部两倍直径长度范围内若有水泥等附着物,应予以清除;钢筋边角毛刺及端面上铁锈、油污和氧化膜应清除干净,并经打磨,使其露出金属光泽,不得有氧化现象。

二、夹装钢筋

安装焊接夹具和钢筋时,应将两根钢筋分别夹紧,并使两钢筋的轴线在同一直线上。钢筋安装后应加压顶紧,两钢筋之间的局部缝隙不得大于3mm。

三、焊接工艺过程

气压焊时,应根据钢筋直径和焊接设备等具体条件选用等压法、二次加压法或三次加压法焊接工艺。在两钢筋缝隙密合和镦粗过程中,对钢筋施加的轴向压力,按钢筋横截面面积计,应为30～40MPa。目前应用较多的为三次加压法,如图8-4-1所示。

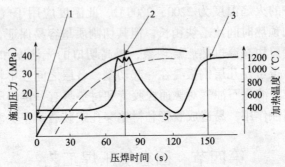

图8-4-1 钢筋气压焊工艺过程图解(ϕ32mm钢筋)
1—一次加压;2—二次加压;3—三次加压;4—碳化焰集中加热;5—中性焰宽幅加热

四、集中加热

气压焊的开始阶段应采用碳化焰,对准两钢筋接缝处集中加热,并使其内焰包住缝隙,防止钢筋端面产生氧化,如

图 8-4-2（a）所示。若采用中性焰，如图 8-4-2（b），内焰还原气氛没有包住缝隙，容易使端面氧化。

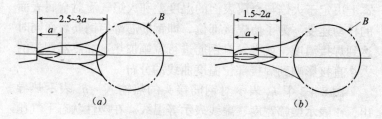

图 8-4-2 火焰的调整
(a) 碳化焰，内焰包住缝隙；(b) 中性焰，内焰未包住缝隙
a—焰芯长度；B—钢筋

火焰功率大小的选择，主要决定于钢筋直径的大小。大直径钢筋焊接时，要选用较大火焰功率，这样方能保证钢筋的焊透性。

五、宽幅加热

在确认两钢筋缝隙完全密合后，应改用中性焰，以压焊面为中心，在两侧各一倍钢筋直径长度范围内往复宽幅加热，如图 8-4-3 所示。

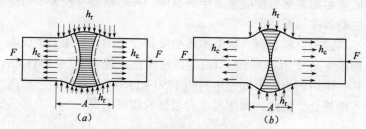

图 8-4-3 火焰往复宽幅加热
(a) 宽幅加热；(b) 窄幅加热
h_r—热输入；h_c—热导出；A—加热摆幅宽度；F—压力

用氧乙炔焰加热钢筋接缝处，热量主要靠气体的对流来进行热交换的，其次靠幅射热交换。对流热交换的强度，基本上决定于火焰与金属表面的温度差和火焰气流对金属表面的移动速度。为了使焊接部位，即钢筋芯部与钢筋表面同时达到焊接温度，就必须对钢筋进行宽幅加热。加热器摆幅的大小直接影响到焊接部位温度曲线的分布。

图 8-4-3 中 h_r 表示对钢筋接头的热输入，h_c 表示热导出，A 表示摆幅宽度，虚线表示等温线。在塑性状态下气压焊接时，等温线总是凸向结合面的方向。可以看出，结合面芯部温度比表面低。只有整个接触面上的温度都达到可焊温度，并且要有一定宽度范围时，才有可能使两个钢筋结合面焊接在一起。图中"横线"区为达到可焊温度的区域。采用宽幅加热，且边加热边加压，可以保证在接触表面所有原子形成原子间结合对温度的要求。

若减小摆幅 A，如图 8-4-3（b），表示芯部没有达到可焊温度，不能很好焊合。

六、加热温度

钢筋端面的合适加热温度应为 1150～1250℃；钢筋镦粗区表面的加热温度应稍高于该温度，并随钢筋直径大小而产生的温度梯差而定。

很多资料表明，这个加热温度是合适的，再加上钢筋表面温度高于钢筋端面芯部温度的梯差，若以 50～100℃ 估算，则钢筋表面温度应达到约 1250～1350℃。过低，两端面不能焊合，因此，操作者应通过试验很好掌握。

七、成形与卸压

气压焊中，通过最终的加热加压，应使接头的镦粗区形成规定的合适形状；然后停止加热，略微延时，卸除压力，拆下焊接夹具。

卸除压力，应在焊缝完全结合之后。过早卸除压力，焊缝区域内的残余内应力，有可能使已焊成的原子间结合重新断开。另外，焊接夹具内的回位弹簧对接点施加的是拉力。因此，应该在停止加热后，稍微延时，才能卸除压力。

八、灭火中断

在加热过程中，如果在钢筋端面缝隙完全密合之前发生灭火中断现象，端面必然氧化。这时，应将钢筋取下重新打磨、安装，然后点燃火焰进行焊接。如果发生在钢筋端面缝隙完全密合之后，表示结合面已经焊合，因此可继续加热加压，完成焊接作业。

钢筋气压焊生产中，其操作要领是：钢筋端面干净；安装时，钢筋夹紧、对准；火焰调整适当，加热温度必须足够，使钢筋表面呈微熔状态，然后加压镦粗成形。

第五节 熔态气压焊工艺

一、工艺特点

熔态（即开式）气压焊是在钢筋端面表层熔融状态下接合的气压焊工艺，属于熔态压力焊范畴。

(1) 端面 通过烧化，把脏物随同熔融金属挤出接口外边。

(2) 加热 采用氧-乙炔火焰，加热速度及范围灵活掌握。采用氧液化石油气火焰，加热时间稍为长一些。

(3) 结合面保护 焊接过程中结合面高温金属熔滴强烈氧化产生少氧气体介质，减轻了结合面被氧化的可能，另外，采用乙炔过剩的碳化焰加热，造成还原气氛，减少氧化的可能。

(4) 采用氧液化石油气压焊时，氧气工作压力为 0.08MPa 左右；液化石油气工作压力为 0.04MPa 左右。

二、操作工艺

1. 工艺过程

钢筋熔态气压焊与固态气压焊相比，简化了焊前对钢筋端面仔细加工的工序，焊接过程如下：

把焊接夹具固定在钢筋的端头上，端面预留间隙 3~5mm，有利于更快加热到熔化温度。端面不平的钢筋，可将凸部顶紧，不规定间隙，调整焊接夹具的调中螺栓，使对接钢筋同轴后，安装上顶压油缸，然后进行加热加压顶锻作业。

2. 操作工艺方法

(1) 一次加压顶锻成型法 先使用中性火焰以钢筋接口为中心沿钢筋轴向宽幅加热，加热宽幅大约为 1.5 倍钢筋直径加上约 10mm 的烧化间隙，待加热部达到塑化状态（1100℃左右）时，加热器摆幅逐渐减小，然后集中加热焊口处，在清除接头端面上附着物的同时，将端面熔化，此时迅速把加热焰调成碳化焰，继续加热焊口处并保护其免受氧化。由于接头预先加热，端头在几秒钟内迅速均匀熔化，氧化物及其他赃物随着液态金属从钢筋端头上流出，待钢筋端面形成均匀的、连续的金属熔化层，端头烧成平滑的弧凸状时，在继续加热并用还原焰保护下迅速加压顶锻，钢筋截面压力达 40MPa 以上，挤出接口处液态金属，使接口密合，并在近缝区产生塑性变形，形成接头镦粗，焊接结束。

为了在接口区获得足够的塑性变形，一次加压顶锻成型法顶锻时钢筋端头的温度梯度要适当加大，因而加热区较窄，液态金属在顶锻时被挤出界面形成毛刺，这种接头外观与闪光焊相似，但镦粗面积扩大率比闪光焊大。

一次加压顶锻成型法生产率高，热影响区窄，现场适应焊接直径较小（φ25 以下）钢筋。

（2）两次加压顶锻成型法 第一次顶锻在较大温度梯度下进行，其主要目的是挤出端面的氧化物及脏物，使接合面密合。第二次加压是在较小温度梯度下进行，其主要目的是破坏固态氧化物，挤走过热及氧化的金属，产生合理分布的塑性变形，以获得接合牢固，表面平滑，过渡平缓的接头镦粗。

先使用中性焰对着接口处集中加热，直至端面金属开始熔化时，迅速地把加热焰调成碳化焰，继续集中加热并保护端面免受氧化，氧化物及其他脏物随同熔化金属流出来，待端头形成均匀连续的液态层，并呈弧凸状时，迅速加压顶锻（钢筋横截面压力约 40MPa），挤出接口处液态金属，并在近缝区形成不大的塑性变形，使接口密合，然后把加热焰调成中性焰，在 1.5 倍钢筋直径范围内沿钢筋轴向往复均匀加热至塑化状态时，施加顶锻压力（钢筋横截面压力达 35MPa 以上），使其接头镦粗，焊接结束。

两次加压顶锻成型法的接头外观与固态气压焊接头的枣核状镦粗相似，但在接口界面处也留有挤出金属毛刺的痕迹。

两次加压顶锻成型法接头有较多的热金属，冷却较慢，减轻淬硬倾向，外观平整，镦粗过渡平缓，减少应力集中，适合焊接直径较大（φ25 以上）钢筋。

第六节 焊接缺陷及消除措施

在固态气压焊接生产中,焊工应认真自检,若发现焊接缺陷,应参照表 8-6-1 查找原因,采取措施,及时消除。

固态气压焊接头焊接缺陷及消除措施　　表 8-6-1

项次	焊接缺陷	产 生 原 因	消 除 措 施
1	轴线偏移（偏心）	1. 焊接夹具变形,两夹头不同心,或夹具刚度不够 2. 两钢筋安装不正 3. 钢筋接合端面倾斜 4. 钢筋未夹紧进行焊接	1. 检查夹具,及时修理或更换 2. 重新安装夹紧 3. 切平钢筋端面 4. 夹紧钢筋再焊
2	弯　折	1. 焊接夹具变形,两夹头不同心 2. 焊接夹具拆卸过早	1. 检查夹具,及时修理或更换 2. 熄火后半分钟再拆夹具
3	镦粗直径不够	1. 焊接夹具动夹头有效行程不够 2. 顶压油缸有效行程不够 3. 加热温度不够 4. 压力不够	1. 检查夹具和顶压油缸,及时更换 2. 采用适宜的加热温度及压力
4	镦粗长度不够	1. 加热幅度不够宽 2. 顶压力过大过急	1. 增大加热幅度范围 2. 加压时应平稳
5	1. 钢筋表面严重烧伤 2. 接头金属过烧	1. 火焰功率过大 2. 加热时间过长 3. 加热器摆动不匀	调整加热火焰,正确掌握操作方法
6	未焊合	1. 加热温度不够或热量分布不均 2. 顶压力过小 3. 接合端面不洁 4. 端面氧化 5. 中途灭火或火焰不当	合理选择焊接参数;正确掌握操作方法

采用熔态气压焊时,若发现焊接缺陷,亦可参照表8-6-1查找原因,采取措施,及时清除。

第七节 氧气切割

一、名词解释

氧气切割简称气割,也称氧—火焰切割;它是钢中的铁在高纯度氧中燃烧的化学过程和借切割氧流动量排除熔渣的物理过程相结合的一种加工方法。

二、氧气切割的原理和过程

钢材的氧气切割是利用气体火焰,称预热火焰,将钢材表层加热到燃点,(约870℃至970℃)并形成活化状态,然后送进高纯度、高流速的切割氧,使钢中的铁在氧氛围中燃烧,生成氧化铁熔渣,同时放出大量的热,借助这些燃烧热和熔渣不断加热钢材的下层和切口前缘,使之也达到燃点,直至工件的底部。与此同时,切割氧流的流动量把熔渣吹除,从而形成切口,将钢材割开,如图8-7-1所示。

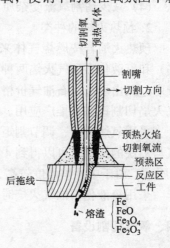

整个氧气切割的过程可分为互有关联的4个阶段:

(1) 起割点处的钢材表

图8-7-1 氧气切割原理图

面用预热火焰加热到其燃点,随之在切割氧中开始燃烧反应;

(2) 燃烧反应向钢材下层传播;

(3) 排除燃烧反应生成的熔渣,沿厚度方向割开钢材;

(4) 利用熔渣和预热火焰的热量将切口前缘的钢材上层加热到燃点,使之继续与氧产生燃烧反应。

上述过程不断重复,钢材切割就连续地进行。

三、预热火焰的作用和种类

1. 预热火焰的作用

(1) 加热作用;

(2) 活化被切割钢材的表面,使氧化皮、铁锈等剥离、熔化;

(3) 维持切割氧流的动量,提高切割氧流的有效长度;

(4) 减少切割氧流受杂质污染。

2. 预热火焰的种类

预热火焰若按燃烧气体来分,有氧-乙炔焰(简称氧炔焰)和氧液化石油气火焰两种。由于氧炔焰温度较高,应用较广。又由于液化石油气价格比较便宜,因此,氧液化石油气火焰切割正在被推广应用。

采用氧炔焰时,调节割炬上预热用氧和乙炔手轮,改变氧与乙炔的比例,可以得到4种典型的火焰状态,如图8-1-1所示。由于中性焰温度较高,一般都采用中性焰加热。

采用氧液化石油气火焰时,火焰状态如图8-1-2所示。

四、氧气切割设备

氧气切割所需要的整套设备包括:氧气瓶、乙炔气瓶、或者液化石油气瓶、减压器、胶管、割炬、割嘴等；除割炬和割嘴外，其他设备与钢筋气压焊所需的相同，已在本章第二节中阐述。

割炬（也称割枪）是气割加工的主要工具。

割炬的功能是向割嘴稳定地供送预热气体和切割氧，并且控制这些气体的压力和流量，调整预热火焰的功率和特性。另外，还要便于操作。

1. 氧-乙炔用射吸式割炬

割炬按其工作原理和预热气体混合方式，一般可分为射吸式和等压式两种，此外，还有外混式。射吸式割炬的射吸原理及结构与射吸式多嘴环管加热器中相同。G01 型氧-乙炔射吸式手工割炬的结构如图 8-7-2 所示。主要技术数据见表 8-7-1。

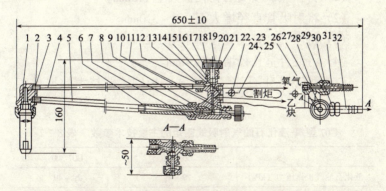

图 8-7-2 标准型氧-乙炔射吸式手工割炬

1—割嘴；2—割嘴螺母；3—割嘴接头；4—高压氧气管；5—混合气管；6—射吸管；
7—射吸管螺母；8—氧气阀针；9—喷嘴；10、18—手轮；11—主体；
12—高压氧气管螺母；13—橡胶密封圈；14—手把管；15—阀杆；16—防松螺母；
17—密封螺母；19—密圈；20—O 型密封圈；21—垫圈；22—手柄螺钉；
23—手柄螺母；24、25—手柄；26—手轮螺母；27—手轮；28—后体；
29—氧气螺母；30—乙炔螺母；31—氧气接头；32—乙炔接头

G01 型氧-乙炔射吸式手工割炬的主要技术数据　表 8-7-1

型　　号	G01-30	G01-100
切割低碳钢厚度范围（mm）	2~30	10~100
乙炔工作压力（kPa）	≥10	≥10
氧气工作压力（kPa）	200~300	300~500
配用割嘴（环形或梅花形）个数	3	3
割炬总长（mm）	500	550
重　量（kg）	1.05	1.36

2. 氧-液化石油气用射吸式割炬

液化石油气的燃烧速度比乙炔低，燃烧时耗氧量大，因此不能直接使用氧-乙炔射吸式割炬，而需对射吸装置的尺寸作如下修正：

（1）将预热氧喷嘴的孔径扩大至 1.0mm。

（2）将射吸管直径增大至 2.8~3.0mm。

（3）将燃气进气孔孔径缩小至 1.2mm。

（4）将混合室孔径增大至 4mm。

G07 型氧-液化石油气射吸式割炬的主要技术数据见表 8-7-2。

G07 型氧-液化石油气射吸式割炬的主要技术参数　表 8-7-2

型　　号	G07-100	G07-300
液化石油气工作压力（kPa）	29~49	29~49
氧气工作压力（kPa）	690	980
配用割嘴数	3	4
可换割嘴号码	1、2、3	1、2、3、4
切割氧孔径（mm）	$\phi1.0~\phi1.2$	$\phi2.4~\phi3.0$
可切割钢板厚度（mm）	≤100	≤300

3. 等压式割炬

所谓等压式割炬系指燃气借其本身压力，并和预热氧分别经各自的输气管输送到割嘴内的一种割炬。亦即燃气压力需与预热氧相当，因此要求中压乙炔。

这类割炬结构简单，预热火焰燃烧稳定，回火现象比射吸式少。G02型等压式手工割炬是一种标准型割炬，其结构如图8-7-3所示。切割氧阀门采用手压式，操作性较好，也有利于提高气割质量。

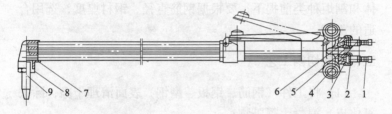

图8-7-3 G02型氧-乙炔等压式手工割炬
1—乙炔软管接头；2—乙炔螺母；3—乙炔接头螺纹；4—氧气软管接头；
5—氧气螺母；6—氧气接头螺纹；7—割嘴接头；8—割嘴螺母；9—割嘴

等压式氧-乙炔手工割炬的型号和主要技术数据见表8-7-3。

等压式氧-乙炔手工割炬的型号和主要技术数据　表8-7-3

型号	配用割嘴数	切割氧孔径（mm）	可切割板厚（mm）	气体压力（MPa）		气体流量（m³/h）	
				氧气	乙炔	氧气	乙炔
G02-100	5	φ0.8~1.6	5~100	0.25~0.6	0.025~0.1	1.4~7.3	0.24~0.6
G02-300	9	φ0.7~3.0	5~300	0.20~1.0	0.025~0.09	—	—
G02-500	3	φ3.0~4.0	250~500	1.2~2.0	0.05~0.1	15~30	1~2.2
FEG-100	4	φ0.8~2.0	5~120	0.2~0.5	0.03~0.04	—	—
FEG-250	4	φ2.0~3.2	90~250	0.4~0.6	0.04~0.05	—	—

这种等压式割炬也可用于氧-液化石油气手工切割。

4. 割嘴

割嘴是气割的重要工具。割嘴的种类有很多,若按预热气体的混合方式来分,有射吸式和等压式,此外,还有外混式;按使用的燃气种类来分,有乙炔用和液化石油气用,此外,还有天然气用;按预热孔形状来分,有环形和梅花形,此外,还有齿槽形、单孔形;按切割氧孔道形状来分,有直筒形、扩散形、端部扩口形等等。因此,在确定使用燃烧气体和割炬种类前提下,要根据钢筋直径、钢材厚度,选用合适的割嘴。

五、氧气切割工艺

(1) 将工件(钢筋、钢板、型钢)表面清理干净,除去氧化皮、混凝土等脏物;

(2) 将工件放置平稳,离开地面有一定空间,使火焰气流和熔渣能顺畅、安全射出;

(3) 在工件表面划定切割线;

(4) 在氧气瓶、乙炔气瓶,或液化石油气瓶的阀门上安装减压器、胶管,并与割炬、割嘴相连接。开启阀门,试验各连接处有无漏气现象。在减压器上调整好氧气、燃气的工作压力;

(5) 穿戴好防护衣服、鞋和护目眼镜;

(6) 开始氧气切割操作,先预热,然后开启切割氧的手轮或压板,根据目视情况,将割炬平稳地沿划定的切割线前进,直至切割终了;

(7) 一旦发现回火现象,查找原因,及时消除;例如,由于割嘴过热,可将割嘴浸入水桶冷却。

六、提高气割质量

标准规定,气割面的质量按平面度 u、割纹深度和缺口间最小间距 L 三个要素来评定,如图 8-7-4 所示。

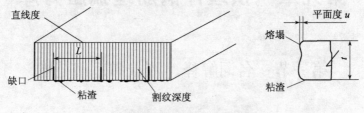

图 8-7-4 切割面的质量要素

操作工人应熟悉并选用合适的气割设备,确定合理参数,包括氧气工作压力和燃气工作压力,把握割炬平稳前进,速度过慢会造成熔塌,过快会使铁的燃烧中断,也就是气割中断。割嘴一般垂直于工件表面,有时,往后稍稍倾斜。操作时,要聚精会神,割嘴离开工件表面不能忽高忽低。努力提高气割质量,达到平面度好,割纹浅,粘渣少,无熔塌。

思 考 题

1. 写出钢筋气压焊的名词解释。
2. 绘出常用固态气压焊的工艺过程图解。
3. 熔态气压焊的工艺特点是什么?采用熔态气压焊有什么优点?
4. 氧气切割的原理是什么?
5. 预热火焰的作用是什么?

第九章 预埋件钢筋埋弧压力焊

第一节 名词解释、特点和适用范围

一、名词解释

1. 预埋件钢筋埋弧压力焊

预埋件钢筋埋弧压力焊是在混凝土构件预埋件制作中,将钢筋与钢板安放成T形形式,利用焊接电流,在焊剂层下产生电弧,形成熔池,加压完成的一种压焊方法,如图9-1-1所示。

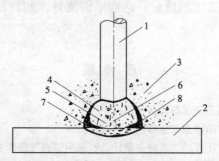

图9-1-1 预埋件钢筋埋弧压力焊埋弧示意图
1—钢筋;2—钢板;3—焊剂;4—空腔;5—电弧;6—熔滴;7—熔渣;8—熔池

埋弧压力焊过程为:引弧—电弧—顶压。当钢筋直径较粗时,例如直径为 18mm 及以上,整个过程为:引弧—电弧—电渣—顶压,见图 9-1-2。这时,基本上与钢筋电渣压力焊相同。

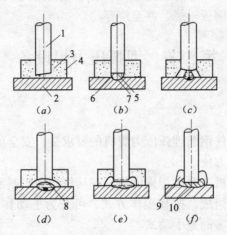

图 9-1-2 粗直径钢筋预埋件埋弧压力焊焊接过程示意图
(a) 起弧前;(b) 引弧;(c) 电弧过程;(d) 电渣过程;(e) 顶压;(f) 焊态
1—钢筋;2—钢板;3—焊剂;4—挡圈;5—电弧;6—熔渣;
7—熔池;8—渣池;9—渣壳;10—焊缝金属

2. 热影响区宽度

见第三章第一节中名词解释。

二、特点

预埋件钢筋埋弧压力焊具有生产效率高、接头质量好等优点,适用于各种预埋件 T 形接头钢筋与钢板的焊接。预制厂大批量生产时,经济效益尤为显著。

三、适用范围

预埋件钢筋埋弧压力焊适用于热轧 $\phi 6 \sim \phi 25$mm 的

HPB 235、HRB 335、HRB 400 钢筋的焊接。当需要时，亦可用于 $\phi28$、$\phi32$mm 钢筋的焊接。钢板为普通碳素钢 Q235A，厚度 6~20mm，与钢筋直径相匹配。若钢筋直径粗，钢板薄，容易将钢板过烧，甚至烧穿。

第二节 埋弧压力焊设备

一、组成

对预埋件钢筋埋弧压力焊机的要求是：安全可靠，操作灵活，维护方便。

该种焊机主要由焊接电源、焊接机构和控制系统（控制箱）三部分组成，按其操作方式，可分为手动和自动二种。目前应用较多的是手动式。

手动焊机如图 9-2-1 所示，其钢筋上提、下送、顶压均由焊工通过杠杆作用（或摇臂传动）完成。

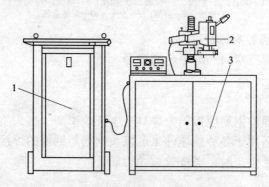

图 9-2-1 预埋件钢筋埋弧压力焊机示意图
1—弧焊变压器；2—焊接机构；3—控制箱

二、焊接电源

当钢筋直径较小，负载持续率较低时，采用 BX3-500 型弧焊变压器作为焊接电源。当钢筋直径较粗，负载持续率较高时，宜采用 BX3-630 型或者 BX2-1000 型弧焊变压器作为焊接电源。

弧焊变压器的结构和性能见"第六章第二节电弧焊设备"。

三、对称接地

焊接电缆与铜板电极连接时，宜采用对称接地，如图 9-2-2 所示。以减少电弧偏吹，使接头成形良好。

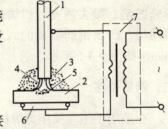

图 9-2-2 对称接地示意图
1—钢筋；2—钢板；3—焊剂；4—电弧；
5—熔池；6—铜板电极；7—弧焊变压器

第三节 埋弧压力焊工艺

一、焊剂

在预埋件钢筋埋弧压力焊中，可采用 HJ 431 焊剂，见"第七章第三节焊剂"。

二、焊接操作

埋弧压力焊时，先将钢板放平，与铜板电极接触良好；将锚固钢筋夹于夹钳内，夹牢；放好挡圈，注满焊剂；接通高频引弧装置和焊接电源后，立即将钢筋上提 2.5～4mm，引燃电弧。若钢筋直径较细，适当延时，使电弧稳定燃烧；若钢筋直径较粗，则继续缓慢提升3~4mm，再渐渐下送，使钢筋端部和钢板熔化，待达到一定时间后，迅速顶压。顶压时，不要用力过猛，防止钢筋插入钢板表面之下，形成凹陷。敲去渣壳，四周焊包应较均匀，凸出钢筋表面的高度至少4mm，如图9-3-1所示。

图9-3-1　预埋件钢筋埋弧压力焊接头

三、钢筋位移

在采用手工埋弧压力焊机，并且钢筋直径较细时，钢筋的位移如图9-3-2（a）所示；当钢筋直径较粗时，钢筋的位移如图9-3-2（b）所示。

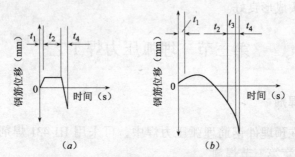

（a）　　　　　　　　（b）

图9-3-2　预埋件钢筋埋弧压力焊钢筋位移图解
（a）钢筋直径较细时的位移；（b）钢筋直径较粗时的位移
t_1—引弧过程；t_2—电弧过程；t_3—电渣过程；t_4—顶压过程

四、埋弧压力焊焊接参数

埋弧压力焊的主要焊接参数包括：引弧提升高度、电弧电压、焊接电流、焊接通电时间，见表9-3-1。

在生产中，若具有1000型弧焊变压器，可采用大电流、短时间的强参数焊接法，以提高劳动生产率。例如：焊接φ10mm钢筋时，采用焊接电流550～650A，焊接通电时间4s；焊接φ16mm钢筋时，650～800A，11s；焊接φ25mm钢筋时，650～800A，23s。

埋弧压力焊焊接参数　　　　　　表9-3-1

钢筋牌号	钢筋直径(mm)	引弧提升高度(mm)	电弧电压(V)	焊接电流(A)	焊接通电时间(s)
HPB 235 HRB 335 HRB 400	6	2.5	30～35	400～450	2
	8	2.5	30～35	500～600	3
	10	2.5	30～35	500～650	5
	12	3.0	30～35	500～650	8
	14	3.5	30～35	500～650	15
	16	3.5	30～40	500～650	22
	18	3.5	30～40	500～650	30
	20	3.5	30～40	500～650	33
	22	4.0	30～40	500～650	36
	25	4.0	30～40	500～650	40

第四节　焊接缺陷及消除措施

在埋弧压力焊生产中，引弧、燃弧（钢筋维持原位或缓慢下送）和顶压等环节应密切配合；焊接地线应与铜板电极接触良好，并对称接地；及时消除电极钳口的铁锈和污物，修理电极钳口的形状等，以保证焊接质量。

焊工应认真自检，若发现焊接缺陷时，应参照表9-4-1

查找原因,及时消除。

预埋件钢筋埋弧压力焊接头焊接缺陷及消除措施　表 9-4-1

项次	焊接缺陷	消除措施
1	钢筋咬边	1. 减小焊接电流或缩短焊接时间 2. 增大压入量
2	气孔	1. 烘焙焊剂 2. 消除钢板和钢筋上的铁锈、油污
3	夹渣	1. 清除焊剂中熔渣等杂物 2. 避免过早切断焊接电流 3. 加快顶压速度
4	未焊合	1. 增大焊接电流,增加熔化时间 2. 适当顶压
5	焊包不均匀	1. 保证焊接地线的接触良好 2. 保证焊接处具有对称的导电条件 3. 钢筋端面平整
6	钢板焊穿	1. 减小焊接电流或减少焊接通电时间 2. 在焊接时避免钢板呈局部悬空状态
7	钢筋淬硬脆断	1. 减小焊接电流,延长焊接时间 2. 检查钢筋化学成分
8	钢板凹陷	1. 减小焊接电流,延长焊接时间 2. 减小顶压力,减小压入量

思 考 题

1. 预埋件钢筋埋弧压力焊的特点是什么?
2. 绘出预埋件钢筋埋弧压力焊钢筋位移图解。
3. 埋弧压力焊可能产生的焊接缺陷有哪些?如何消除?

第十章 焊接质量检验与验收

第一节 一般规定

一、检验项目分类

钢筋焊接接头或焊接制品应按检验批进行质量检验与验收,并划分为主控项目和一般项目两类。质量检验时,应包括外观检查和力学性能检验。

二、主控项目

纵向受力钢筋焊接接头,包括闪光对焊接头、电弧焊接头、电渣压力焊接头、气压焊接头的连接方式检查和接头的力学性能检验。

接头连接方式应符合设计要求,并应全数检查,检验方法为观察。

接头试件进行力学性能检验时,其质量和检查数量应符合有关规程规定;检验方法包括:检查钢筋出厂质量证明书、钢筋进场复验报告、各项焊接材料产品合格证、接头试件力学性能试验报告等。

三、一般项目

1. 纵向受力钢筋焊接接头的外观质量检查。

2.非纵向受力钢筋焊接接头,包括交叉钢筋电阻点焊焊点、封闭环式箍筋闪光对焊接头、钢筋与钢板电弧搭接焊接头、预埋件钢筋电弧焊接头、预埋件钢筋埋弧压力焊接头的质量检验。

四、外观检查

焊接接头外观检查时,首先应由焊工对所焊接头或制品进行自检,然后由施工单位专业质量检查员检验,监理(建设)单位进行验收记录。

纵向受力钢筋焊接接头外观检查时,每一检验批中应随机抽取10%的焊接接头。检查结果,当外观质量各小项不合格数均小于或等于抽检数的10%,则该批焊接接头外观质量评为合格。

当某一小项不合格数超过抽检数的10%时,应对该批焊接接头该小项逐个进行复检,并剔出不合格接头;对外观不合格接头采取修整或焊补措施后,可提交二次验收。

五、力学性能检验

焊接接头力学性能检验时,应在接头外观检查合格后随机抽取试件进行试验。试验报告应包括下列内容:
(1)工程名称、取样部位;
(2)批号、批量;
(3)钢筋牌号、规格;
(4)焊接方法;
(5)焊工姓名及考试合格证编号;
(6)施工单位;
(7)力学性能试验结果。

六、质量验收

钢筋焊接接头或焊接制品质量验收时，应在施工单位自行质量评定合格的基础上，由监理（建设）单位对检验批有关资料进行核查，组织项目专业质量检查员等进行验收，对焊接接头合格与否做出结论。

纵向受力钢筋焊接接头检验批质量验收记录见附录A。

第二节　钢筋焊接骨架和焊接网

一、检验批及取样方法

焊接骨架和焊接网的质量检验应包括外观检查和力学性能检验，并应按下列规定抽取试件：

1. 凡钢筋牌号、直径及尺寸相同的焊接骨架和焊接网应视为同一类型制品，且每300件作为一批，一周内不足300件的亦应按一批计算；

2. 外观检查应按同一类型制品分批检查，每批抽查5%，且不得少于5件；

3. 力学性能检验的试件，应从每批成品中切取；切取过试件的制品，应补焊同牌号、同直径的钢筋，其每边的搭接长度不应小于2个孔格的长度；

当焊接骨架所切取试件的尺寸小于规定的试件尺寸，或受力钢筋直径大于8mm时，可在生产过程中制作模拟焊接试验网片，如图10-2-1（a）所示，从中切取试件。

4. 由几种直径钢筋组合的焊接骨架或焊接网，应对每种组合的焊点作力学性能检验；

5. 热轧钢筋的焊点应作剪切试验，试件应为3件；冷轧带肋钢筋焊点除作剪切试验外，尚应对纵向和横向冷轧带肋钢筋作拉伸试验，试件应各为1件。剪切试件纵筋长度应大于或等于290mm，横筋长度应大于或等于50mm，如图10-2-1（b）所示；拉伸试件纵筋长度应大于或等于300mm，如图10-2-1（c）所示；

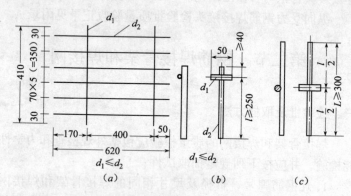

图 10-2-1　钢筋模拟焊接试验网片与试件
（a）模拟焊接试验网片简图；（b）钢筋焊点剪切试件；（c）钢筋焊点拉伸试件

6. 焊接网剪切试件应沿同一横向钢筋随机切取；

7. 切取剪切试件时，应使制品中的纵向钢筋成为试件的受拉钢筋。

二、焊接骨架外观检查

焊接骨架外观质量检查结果，应符合下列要求：

1. 每件制品的焊点脱落、漏焊数量不得超过焊点总数的4%，且相邻两焊点不得有漏焊及脱落；

2. 应量测焊接骨架的长度和宽度，并应抽查纵、横方向3~5个网格的尺寸，其允许偏差应符合《规程》中有关规定。

当外观检查结果不符合上述要求时,应逐件检查,并剔出不合格品。对不合格品经整修后,可提交二次验收。

三、焊接网外观检查

焊接网外形尺寸检查和外观质量检查结果,应符合下列要求:

1. 焊接网的长度、宽度及网格尺寸的允许偏差均为±10mm;网片两对角线之差不得大于10mm;网格数量应符合设计规定;

2. 焊接网交叉点开焊数量不得大于整个网片交叉点总数的1%,并且任一根横筋上开焊点数不得大于该根横筋交叉点总数的1/2;焊接网最外边钢筋上的交叉点不得开焊;

3. 焊接网组成的钢筋表面不得有裂纹、折叠、结疤、凹坑、油污及其他影响使用的缺陷;但焊点处可有不大的毛刺和表面浮锈。

四、力学性能检验

力学性能检验结果应符合《规程》中有关规定。

第三节 钢筋闪光对焊接头

一、检验批及取样方法

闪光对焊接头的质量检验,应分批进行外观检查和力学性能检验,并应按下列规定作为一个检验批:

1. 在同一台班内,由同一焊工完成的300个同牌号、同直径钢筋焊接接头应作为一批。当同一台班内焊接的接头数量较少，可在一周之内累计计算；累计仍不足300个接头时，应按一批计算；

2. 力学性能检验时，应从每批接头中随机切取6个接头，其中3个做拉伸试验，3个做弯曲试验；

3. 焊接等长的预应力钢筋（包括螺丝端杆与钢筋）时，可按生产时同等条件制作模拟试件；

4. 螺丝端杆接头可只做拉伸试验；

5. 封闭环式箍筋闪光对焊接头，以600个同牌号、同规格的接头作为一批，只做拉伸试验。

二、外观检查

闪光对焊接头外观检查结果，应符合下列要求：

1. 接头处不得有横向裂纹；

2. 与电极接触处的钢筋表面不得有明显烧伤；

3. 接头处的弯折角不得大于3°；

4. 接头处的轴线偏移不得大于钢筋直径的0.1倍，且不得大于2mm。

三、复验

当模拟试件试验结果不符合要求时，应进行复验。复验应从现场焊接接头中切取，其数量和要求与初始试验相同。

第四节 钢筋电弧焊接头

一、检验批及取样方法

电弧焊接头的质量检验，应分批进行外观检查和力学性能检验，并应按下列规定作为一个检验批：

1. 在现浇混凝土结构中，应以 300 个同牌号钢筋、同型式接头作为一批；在房屋结构中，应在不超过二个楼层中 300 个同牌号钢筋、同型式接头作为一批。每批随机切取 3 个接头，做拉伸试验。

2. 在装配式结构中，可按生产条件制作模拟试件，每批 3 个，做拉伸试验。

3. 钢筋与钢板电弧搭接焊接头可只进行外观检查。

注：在同一批中若有几种不同直径的钢筋焊接接头，应在最大直径钢筋接头中切取 3 个试件。以下电渣压力焊接头、气压焊接头取样均同。

二、外观检查

电弧焊接头外观检查结果，应符合下列要求：

1. 焊缝表面应平整，不得有凹陷或焊瘤；
2. 焊接接头区域不得有肉眼可见的裂纹；
3. 咬边深度、气孔、夹渣等缺陷允许值及接头尺寸的允许偏差，应符合表 10-4-1 的规定；
4. 坡口焊、熔槽帮条焊和窄间隙焊接头的焊缝余高不得大于 3mm。

钢筋电弧焊接头尺寸偏差及缺陷允许值　表 10-4-1

名　　称	单 位	接 头 型 式		
		帮条焊	搭接焊 钢筋与钢板 搭接焊	坡口焊 窄间隙焊 熔槽帮条焊
帮条沿接头中心线的纵向偏移	mm	0.3d	—	—
接头处弯折角	°	3	3	3

续表

名称	单位	接头型式		
		帮条焊	搭接焊 钢筋与钢板 搭接焊	坡口焊 窄间隙焊 熔槽帮条焊
接头处钢筋轴线的偏移	mm	$0.1d$	$0.1d$	$0.1d$
焊缝厚度	mm	$+0.05d$ 0	$+0.05d$ 0	—
焊缝宽度	mm	$+0.1d$ 0	$+0.1d$ 0	—
焊缝长度	mm	$-0.3d$	$-0.3d$	—
横向咬边深度	mm	0.5	0.5	0.5
在长 $2d$ 焊缝表面上的气孔及夹渣	数量 个	2	2	—
	面积 mm²	6	6	—
在全部焊缝表面上的气孔及夹渣	数量 个	—	—	2
	面积 mm²	—	—	6

注：d 为钢筋直径（mm）。

三、复验

当模拟试件试验结果不符合要求时，应进行复验。复验应从现场焊接接头中切取，其数量和要求与初始试验时相同。

第五节 钢筋电渣压力焊接头

一、检验批及取样方法

电渣压力焊接头的质量检验，应分批进行外观检查和力学性能检验，并应按下列规定作为一个检验批：

在现浇钢筋混凝土结构中，应以 300 个同牌号钢筋接头作为一批；在房屋结构中，应在不超过二个楼层中 300 个同牌号钢筋接头作为一批；当不足 300 个接头时，仍应作为一批。每批随机切取 3 个接头做拉伸试验。

二、外观检查

电渣压力焊接头外观检查结果，应符合下列要求：
1. 四周焊包凸出钢筋表面的高度不得小于 4mm；
2. 钢筋与电极接触处，应无烧伤缺陷；
3. 接头处的弯折角不得大于 3°；
4. 接头处的轴线偏移不得大于钢筋直径的 0.1 倍，且不得大于 2mm。

第六节 钢筋气压焊接头

一、检验批及取样方法

气压焊接头的质量检验，应分批进行外观检查和力学性能检验，并应按下列规定作为一个检验批：

在现浇钢筋混凝土结构中，应以 300 个同牌号钢筋接头作为一批；在房屋结构中，应在不超过二个楼层中 300 个同牌号钢筋接头作为一批；当不足 300 个接头时，仍应作为一批。

在柱、墙的竖向钢筋连接中，应从每批接头中随机切取 3 个接头做拉伸试验；在梁、板的水平钢筋连接中，应另切取 3 个接头做弯曲试验。

二、外观检查

气压焊接头外观检查结果,应符合下列要求:

1. 接头处的轴线偏移 e 不得大于钢筋直径的 0.15 倍,且不得大于 4mm,如图 10-6-1（a）所示;当不同直径钢筋焊接时,应按较小钢筋直径计算;当大于上述规定值,但在钢筋直径的 0.30 倍以下时,可加热矫正;当大于 0.30 倍时,应切除重焊;

2. 接头处的弯折角不得大于 3°;当大于规定值时,应重新加热矫正;

3. 镦粗直径 d_c 不得小于钢筋直径的 1.4 倍,如图 10-6-1（b）所示;当小于上述规定值时,应重新加热镦粗;

4. 镦粗长度 L_c 不得小于钢筋直径的 1.0 倍,且凸起部分平缓圆滑,如图 10-6-1（c）所示;当小于上述规定值时,应重新加热镦长。

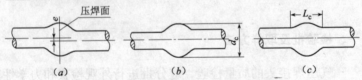

图 10-6-1　钢筋气压焊接头外观质量图解
（a）轴线偏移;（b）镦粗直径;（c）镦粗长度

第七节　纵向受力钢筋焊接接头力学性能检验

一、钢筋闪光对焊、电弧焊、电渣压力焊、气压焊接头拉伸试验

钢筋闪光对焊接头、电弧焊接头、电渣压力焊接头、气

压焊接头拉伸试验结果均应符合下列要求:

1. 3个热轧钢筋接头试件的抗拉强度均不得小于该牌号钢筋规定的抗拉强度;RRB 400钢筋接头试件的抗拉强度均不得小于 570N/mm^2;

2. 至少应有2个试件断于焊缝之外,并应呈延性断裂。

当达到上述2项要求时,应评定该批接头为抗拉强度合格。

当试验结果有2个试件抗拉强度小于钢筋规定的抗拉强度,或3个试件均在焊缝或热影响区发生脆性断裂时,则一次判定该批接头为不合格品。

当试验结果有1个试件的抗拉强度小于规定值,或2个试件在焊缝或热影响区发生脆性断裂,其抗拉强度均小于钢筋规定抗拉强度的1.10倍时,应进行复验。

复验时,应再切取6个试件。复验结果,当仍有1个试件的抗拉强度小于规定值,或有3个试件断于焊缝或热影响区,呈脆性断裂,其抗拉强度小于钢筋规定抗拉强度的1.10倍时,应判定该批接头为不合格品。

注:当接头试件虽断于焊缝或热影响区,呈脆性断裂,但其抗拉强度大于或等于钢筋规定抗拉强度的1.10倍时,可按断于焊缝或热影响区之外,呈延性断裂同等对待。

二、钢筋闪光对焊、气压焊接头弯曲试验

闪光对焊接头、气压焊接头进行弯曲试验时,应将受压面的金属毛刺和镦粗凸起部分消除,且应与钢筋的外表齐平。

弯曲试验可在万能试验机、手动或电动液压弯曲试验器

上进行，焊缝应处于弯曲中心点，弯心直径和弯曲角应符合表 10-7-1 的规定。

接头弯曲试验指标　　　　表 10-7-1

钢筋牌号	弯心直径	弯曲角 (°)
HPB 235	$2d$	90
HRB 335	$4d$	90
HRB 400、RRB 400	$5d$	90
HRB 500	$7d$	90

注：1. d 为钢筋直径 (mm)；
　　2. 直径大于 25mm 的钢筋焊接接头，弯心直径应增加 1 倍钢筋直径。

当试验结果，弯至 90°，有 2 个或 3 个试件外侧（含焊缝和热影响区）未发生破裂，应评定该批接头弯曲试验合格。

当 3 个试件均发生破裂，则一次判定该批接头为不合格品。

当有 2 个试件发生破裂，应进行复验。

复验时，应再切取 6 个试件。复验结果，当有 3 个试件发生破裂时，应判定该批接头为不合格品。

注：当试件外侧横向裂纹宽度达到 0.5mm 时，应认定已经破裂。

第八节　预埋件钢筋 T 形接头

一、外观检查抽查方法

预埋件钢筋 T 形接头的外观检查，应从同一台班内完成的同一类型预埋件中抽查 5%，且不得少于 10 件。

二、手工电弧焊接头外观检查

预埋件钢筋手工电弧焊接头外观检查结果,应符合下列要求:

1. 当采用 HPB 235 钢筋时,角焊缝焊脚(k)不得小于钢筋直径的 0.5 倍,采用 HRB 335 和 HRB 400 钢筋时,焊脚(k)不得小于钢筋直径的 0.6 倍。
2. 焊缝表面不得有肉眼可见裂纹;
3. 钢筋咬边深度不得超过 0.5mm;
4. 钢筋相对钢板的直角偏差不得大于 3°。

三、埋弧压力焊接头外观检查

预埋件钢筋埋弧压力焊接头外观检查结果,应符合下列要求:

1. 四周焊包凸出钢筋表面的高度不得小于 4mm;
2. 钢筋咬边深度不得超过 0.5mm;
3. 钢板应无焊穿,根部应无凹陷现象;
4. 钢筋相对钢板的直角偏差不得大于 3°。

四、外观检查复查

预埋件外观检查结果,当有 3 个接头不符合上述要求时,应全数进行检查,并剔出不合格品。不合格接头经补焊后可提交二次验收。

五、力学性能检验

当进行力学性能检验时,应以 300 件同类型预埋件作为一批。一周内连续焊接时,可累计计算。当不足 300 件时,亦应按一批计算。

应从每批预埋件中随机切取 3 个接头做拉伸试验,试件的钢筋长度应大于或等于 200mm,钢板的长度和宽度均应大于或等于 60mm(图 10-8-1)。

拉伸试验结果应符合《规程》中有关规定。

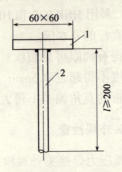

图 10-8-1 预埋件钢筋 T 形接头拉伸试件
1—钢板;2—钢筋

思 考 题

1. 焊接接头质量检验时,哪些为主控项目?哪些为一般项目?
2. 钢筋闪光对焊接头外观检查结果,应符合哪些要求?
3. 钢筋电弧焊接头外观检查结果,应符合哪些要求?
4. 钢筋电渣压力焊接头外观检查结果,应符合哪些要求?
5. 钢筋气压焊接头外观检查结果,应符合哪些要求?

第十一章　焊工考试

一、考试焊工资格

参加考试焊工需经专业培训结业的学员，或具有独立焊接工作能力的焊工，方可参加钢筋焊工考试。

二、考试单位

焊工考试应由经市或市级以上建设行政主管部门审查批准的单位负责进行。考试完毕，对考试合格的焊工应签发合格证。合格证的式样应符合附录 B 的规定。

三、考试科目

钢筋焊工考试应包括理论知识考试和操作技能考试两部分；经理论知识考试合格后的焊工，方可参加操作技能考试。

四、理论知识考试内容

理论知识考试应包括下列内容：
1. 钢筋的牌号、规格及性能；
2. 焊机的使用和维护；
3. 焊条、焊剂、氧气、乙炔、液化石油气的性能和选用；

4. 焊前准备、技术要求、焊接接头和焊接制品的质量检验与验收标准；

5. 焊接工艺方法及其特点，焊接参数的选择；

6. 焊接缺陷产生的原因及消除措施；

7. 电工知识；

8. 安全技术知识。

具体内容和要求应由各考试单位按焊工申报焊接方法对应出题。

五、操作技能考试材料和设备

焊工操作技能考试用的钢筋、焊条、焊剂、氧气、乙炔、液化石油气等，应符合现行行业标准《钢筋焊接及验收规程》JGJ 18 中有关规定；焊接设备可根据具体情况确定。

六、操作技能考试评定标准

焊工操作技能考试评定标准应符合表 11-0-1 的规定；焊接方法、钢筋牌号及直径、试件组合与组数，可由考试单位根据实际情况确定。焊接参数可由焊工自行选择。

焊工操作技能考试评定标准　　　　表 11-0-1

焊接方法	钢筋牌号及直径 (mm)	每组试件数量			评定标准
		剪切	拉伸	弯曲	
电阻点焊	$\phi^R 10 + \phi^R 6$	3	2	—	3个剪切试件抗剪力均不得小于规程第 5.2.5 条的规定值；冷轧带肋钢筋纵向和横向各 1 个拉伸试件的抗拉强度均不得小于 $550N/mm^2$
	$\Phi 18 + \phi 6$	3	—	—	

续表

焊接方法		钢筋牌号及直径（mm）	每组试件数量			评定标准
			剪切	拉伸	弯曲	
闪光对焊（封闭环式箍筋闪光对焊）		Φ、Φ、Φ 6～32	—	3	3	3个热轧钢筋接头拉伸试件的抗拉强度均不得小于该牌号钢筋规定的抗拉强度；RRB 400钢筋试件的抗拉强度均不得小于570N/mm^2；全部试件均应断于焊缝之外，呈延性断裂。3个弯曲试件弯至90°，均不得发生破裂。箍筋闪光对焊接头只做拉伸试验
		Φ^{R}14～32	—	3	3	
		M33×2+Φ28	—	3	—	
电弧焊	帮条平焊 帮条立焊	Φ、Φ 25～32	—	3	—	3个热轧钢筋接头拉伸试件的抗拉强度均不得小于该牌号钢筋规定的抗拉强度；全部试件均应断于焊缝之外，呈延性断裂
	搭接平焊 搭接立焊	Φ、Φ 25～32				
	熔槽帮条焊	Φ、Φ 25～40				
	坡口平焊 坡口立焊	Φ、Φ 18～32				
	窄间隙焊	Φ、Φ 16～40				
	钢筋与钢板搭接焊	Φ、Φ 8～20+低碳钢板 δ≥0.6d				
电渣压力焊		Φ、Φ 16～32	—	3	—	3个拉伸试件的抗拉强度均不得小于该牌号钢筋规定的抗拉强度，并至少有2个试件断于焊缝之外，呈延性断裂
气压焊		Φ、Φ 16～40	—	3	3	3个拉伸试件抗拉强度均不得小于该牌号钢筋规定的抗拉强度，并断于焊缝（压焊面）之外，呈延性断裂 3个弯曲试件弯至90°均不得发生破裂

续表

焊接方法	钢筋牌号及直径（mm）	每组试件数量			评 定 标 准
		剪切	拉伸	弯曲	
预埋件钢筋电弧焊	Φ、Φ6~25	—	3	—	3个拉伸试件的抗拉强度均不得小于该牌号钢筋规定的抗拉强度
预埋件钢筋埋弧压力焊	Φ、Φ6~25				

注：1. M33×2—螺丝端杆公制螺纹外径及螺距；δ 为钢板厚度，d 为钢筋直径；
2. 闪光对焊接头、气压焊接头进行弯曲试验时，弯心直径和弯曲角度应符合规程要求。

七、补试

当剪切试验、拉伸试验结果，在一组试件中仅有 1 个试件未达到规定的要求时，可补焊一组试件进行补试，但不得超过一次。试验要求应与初始试验相同。

八、取消合格资格

持有合格证的焊工当在焊接生产中三个月内出现二批不合格品时，应取消其合格资格。

九、复试

持有合格证的焊工，每两年应复试一次；当脱离焊接生产岗位半年以上，在生产操作前应首先进行复试。复试可只进行操作技能考试。

十、抽查验证

工程质量监督单位应对上岗操作的焊工随机抽查验证。

思 考 题

1. 你参加过焊工考试吗？考的是哪一种焊接方法？
2. 为什么经理论知识考试合格的焊工，方可参加操作技能考试？
3. 为什么要规定对焊工抽查验证？

第十二章 电工基本知识和焊接安全技术

第一节 电工基本知识

一、电流及其性质

1. 物质的构成

所有的物质都是由许多分子所构成的，分子则由原子构成。而原子中又包含着许多更小的物质微粒——电子、质子、中子及其他等等。原子是由原子核（包含质子和中子，呈现正电荷）及围绕着原子核运动的电子（呈现负电荷）组成。若把一亿个原子排成队也不过一厘米长，可见原子、电子等都是十分微小的东西。一般情况下，物质中原子核的正电荷和电子的负电荷相等，互相抵消，因此物质便不呈现有电性。

2. 电流、电压、电阻

(1) 电流

在某些物质里面，原子中的电子与原子核的联系比较弱，因此，电子可以离开原子核，而在原子之间自由地移动，这种电子叫做自由电子，具有这种性能的物体就能导电，通称导电体。如碳、金属等。凡电子不能自由移动的物质叫做非导电体或绝缘体，如玻璃、橡胶、干的木材和纸等。

导电体内的自由电子，如果没有外部影响，是混乱而又不规则的运动着，如果在导体两端存在电位差，则自由电子就向同一方向运动，这样就产生了电流。电流分直流和交流两种：凡是电流方向和大小均不变的称为恒定直流电；方向不变，而大小却改变的称为脉动直流电；如果方向和大小均是按周期改变的则称为交流电。如图 12-1-1 所示。

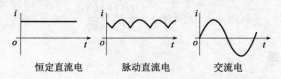

图 12-1-1　恒定直流电、脉动直流电和交流电
i—电流；t—时间

交流电每秒钟内电流方向变化的次数叫做频率（f）。单位是赫芝，简称赫（Hz）。我国工业用电及照明用电的常用频率是 50 赫。

电子总是从负极（阴极，用符号"－"表示）移向正极（阳极，用符号"＋"表示）。但由于从前已假定电流的方向是由正极到负极，现已成为习惯了。电流（I）的单位是安培，简称安（A）。

（2）电压

产生电流是由于导体两端存在电位差，就是一端电子多，另一端电子少，形成电位上的差别而驱使电子流动。我们常把电位差称为电压。电压（U）的单位是伏特，简称伏（V）。

（3）电阻

电流流过导体会受到阻力，而不同材料的导体，通过电流时受到的阻力又不相同，导体对电流呈现阻力的性能称为电阻。电阻（R）的单位是欧姆，简称欧（Ω）。电阻的大小与导体的长度成正比,与导体的截面积成反比。

(4) 欧姆定律

电路中电压越高,电流就越大,也就是电流与电压成正比。当电压不变时,电路中电流与电阻成反比,即电阻越大,通过的电流就越小。这个规律叫做欧姆定律。电流、电压、电阻三者的关系可用下式表示:

$$I(安培) = \frac{U(伏特)}{R(欧姆)}$$

二、电路

把电器所用的电线通过开关接在电源上,就形成电路。图 12-1-2 所示为最简单的电路。把开关合上,电流从蓄电池正极开始,经过导线、开关,通过灯泡,再回到蓄电池的负极,电灯就亮了。如果把开关拉开,或是任何一个地方电线断了,形成断路,电灯就不亮。如果把电源的两极直接接触,将形成"短路"。短路时电阻很小,几乎等于零,所以电流将很大,会使电线烧毁,甚至破坏电器设备。因此,焊接结束,应关闭电焊机,同时,焊钳也要与工件分开,避免长时间的短路烧坏电焊机。

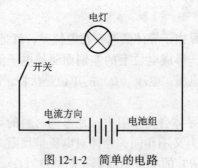

图 12-1-2　简单的电路

三、电流的热效应及电功率

当电流通过电阻时,温度会升高,这是电能转变为热能,这种现象称为电流的热效应。热量的大小与电流和电阻的大小有关。在焊接时,为了不使电流通过焊条产生过热现象,应合适地选用焊条的截面积及长度。同一材料的焊条,截面积小的焊条其长度要比截面积大的短些。

电流不但能使导体发热、电灯发亮、电动机旋转,还可利用电弧燃烧时发出的高温来熔化金属等等,这说明电在作功。功的大小,与电流、电压及时间有关。功的单位常用"瓩时"或"度"表示。电功率就是电在单位时间内所作的功,单位是"瓦特",简称瓦(W)。1 瓦特就是电压为 1 伏特时,1 安培电流所作的功。实用上,"瓦"这个单位常嫌太小,工业上通常采用千瓦作单位,简称千瓦或写成瓩(kW),1 瓩 = 1000 瓦。

四、磁、电磁与磁场

1. 磁

一种能吸引铁、镍、钴等金属的特性,称为磁性。磁的吸力称为磁力,磁和磁有相互作用力。

磁性材料有天然的磁矿石和人造磁铁。磁铁的两端磁性最强,称为磁极。磁铁在水平位置自由转动时,指向北方的一端是北极(用符号 N 表示),另一端是南极(用符号 S 表示),并具有同性磁极互相排斥,异性磁极互相吸引的特点。

磁力作用的空间范围称为磁场。磁力作用的通路是一些看不见的有规律的线路,称为磁力线。磁力线产生于磁铁和通电导线周围，例如用一些铁粉撒在一块长形磁铁四周，铁粉就会顺着磁力线排列，这就显示出磁力是一束由N极连向S极的连续曲线。磁力线不会互相交叉，它从北极发出进入南极，磁铁内部则从南极向北极的，磁力线离开或进入磁极时必与磁极成直角。如图12-1-3所示。

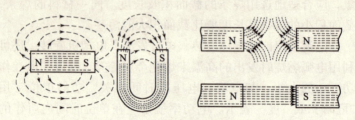

图12-1-3　磁力线和磁极间的关系

2. 电磁

当电流通过导线时，导线的周围便产生磁场，这种因通电而使导线四周产生磁场的现象称为电磁效应。把软铁放在电磁场内，由于电磁作用使本来不具有磁性的铁芯变为具有磁性，所以称为电磁铁。电磁铁失去电磁场后，它的磁性就会基本消失（会有些剩磁）。

通有直流电的直线形导线所产生的磁场如图12-1-4（a）所示。在靠近导线的地方磁性最强。电磁磁场的强弱，与导线的形状，通过电流的强弱有关。

通有交流电的任何导线所产生的磁场，也随着电流的大小和方向而变，没有固定的磁极。

通电导线所产生的磁场的磁力线方向可用"右手定则"来确定。将右手握住导线，使大姆指所指方向符合电流方向，那么其余四指所指方向就是磁力线的方向，见图12-1-4（b）。

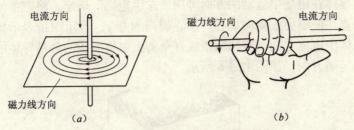

图 12-1-4 直线形导线的磁场和磁力线方向

螺旋形线圈所产生的磁场如图 12-1-5 所示，图中（a）是外形图，（b）是剖面图。图中⊙表示导体内电流方向流向读者，⊗表示电流方向离开读者。线圈的两端为磁极，其一端为北极（N），另一端为南极（S）。

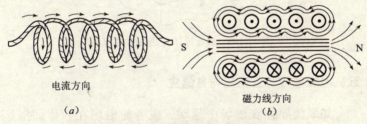

图 12-1-5 螺旋形线圈的磁场和磁力线方向

3．载流导体在磁场中的运动

如前所述，通电导体周围会产生磁场，那么把这个通电导体放在另外的一个磁场内又会发生怎样的现象呢？由于通电导线四周的磁力线与另一个固定磁场中原有的磁力线会互相排斥，这样，磁场对导体就会产生力的作用，会使导线发生运动。作用力的大小与电流强度及导体长度成正比，而方向是与磁力线的方向相垂直，同时亦与电流方向相垂直。改变通电导体及固定磁场的方向，就促使改变运动方向。载流导体在磁场中运动的方向可用"左手定则"确定,将左手伸直,使磁力线朝向掌心(手心朝向 N 极),若用四指表示导体中电流方向,则与四指成直角的大拇指所指的就是导体的运动方向,如图 12-1-6 所示。

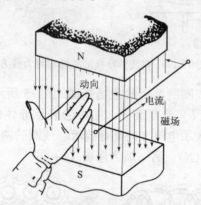

图 12-1-6　载流导体在磁场中的运动

五、电磁感应、互感应与自感应

如果使导体在磁场中运动,或者使磁场在导体周围运动,都会使导体本身切割着磁力线。这样,导体就会产生一个电动势,这种现象称为电磁感应。

当一个带电的导体在另一个不带电的导体周围作移动时;或者当两个导体保持不动,使一个导体内的电流发生变化,均能使另一个不带电的导体感应产生电动势或电流,这种现象称为互感应,简称互感。

当变化一个导体中的电流方向、电流强度或断续供给电流,而使导体本身因周围的磁场变化,以致亦能感应产生电动势,这种现象称为自感应,简称自感。自感电动势的大小，与电路的电感和电路中电流变化的快慢成正比。

互感应或自感应，在交流电或脉动直流电路里以及电流瞬变的过程中都会发生。自感电动势总是企图阻止或推迟原来电路中电流的增长或减少，就是说当闭合电路时，电流不是立即增大到规定数值，而是逐渐的增大，当切断电流时电流也不是立刻就降到零，而是逐渐下降的。

互感应和自感应在焊接设备中很有用，交流弧焊机就是根据这个原理制成的。

六、电感和电容

如前所述，自感电动势具有阻止导体内电流的任何变化的性质，这种性质称为电感。电感的符号是"L"。单位为亨利，简称亨（H）。千分之一亨利称为毫亨（mH）。

物体在一定的电位下，能储蓄电荷或释放电荷，（即有充放电的能力）称为该物体的电容。电容的符号为"C"，单位为法拉，简称法（F），常用以微法（μF）为单位，微法为百万分之一法拉，百万分之一微法称为微微法（$\mu\mu F$）。

七、交流电路

从电厂输送到用户的都是三相交流电，它是由三个单相交流电组成的，其电流波形如图 12-1-7 所示。

这三个单相交流电的频率虽然都一样，但它们的方向和电压，在某一瞬间却不是一样的，而是彼此相差三分之一个变换周期，它们之间的相位差为 120°。

我国工业常用三相交流电有两种接法，如图 12-1-8 所示。一种为星形接法，以"Y"表示，它是把三个绕组的尾端接在一起并引出一根中性线，三个绕组的首端与外线（电网)相接。

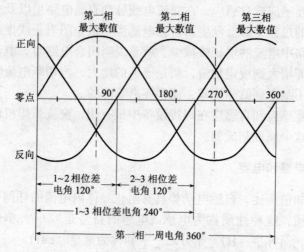

图 12-1-7 三相交流电的正弦波形曲线

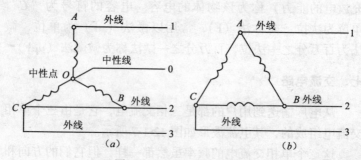

图 12-1-8 三相交流的接法
(a) 星形接法;(b) 三角形接法

另外一种接法为三角形接法,以"△"表示,是把各绕组首尾顺次连接起来,在各连接处引出线与外线(电网)相接。

通常把各个绕组两端间(即星形接法 A、B、C 三点与 0 点之间或三角形接法 A、B、C 三点之间)的电压称为"相电压"。

星形连接法的 A、B、C 之间的电压称为"线电压"。

八、变压器和变压原理

变压器是一种能够将交流电压升高或降低且又保持其频率不变的静止的电器装置。变压器有很多种,焊接用的电焊变压器就是其中之一。实际上,电焊变压器又有多种,例如:闪光对焊用对焊机中变压器、电阻点焊用点焊机中变压器、手工电弧焊的弧焊变压器等。电焊用焊接变压器均为降压变压器。在日常应用的电网中,一般是 220V 或 380V。对焊机、点焊机中输出电压只有几伏,弧焊变压器的空载电压也只有65~80V。试问,如何将 380V 电压降低至焊接所需的电压?

简单的变压器由铁芯和绕组两部分组成,如图 12-1-9 所示。

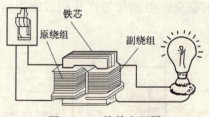

图 12-1-9 简单变压器

1. 铁芯

铁芯是变压器的磁路部分,为减小铁损和增强磁感应强度,铁芯通常用 0.35 毫米或 0.5 毫米的硅钢片叠装而成。

2. 绕组

变压器的绕组即线圈，是用包有高强绝缘物的铜线或铝线绕成。单相变压器有两只绕组，绕在同一铁芯上，是变压器的电路部分。两个绕组是分开的，没有电的联系，只有磁的联系。把与电源连接的一组绕组，也就是接受外加交流电能的线圈称为初级绕组，也称一次绕组或原边绕组，简称初级或原边。与负载相连接的绕组，即是向外输出电能的线圈称为次级绕组，也称二次绕组或副边绕组，简称次级或副边。有时按电压高低分为高压绕组和低压绕组。因此，对于降压变压器来说，初级为高压绕组，次级为低压绕组。原副绕组之间，铁芯和绕组之间均相互绝缘。

变压器的基本工作原理是电磁感应原理。图 12-1-9 可简化成图 12-1-10 的形式，从图中可明显看出变压器的磁路和电路。它相当于在一个交流铁芯线圈 W_1 的铁芯上，再绕一个互感线圈 W_2。按图 12-1-10 将初级绕组接到电源上，次级绕组接上负载（电灯），当接通电源后，电灯会发光，说明电能由初级绕组送到了次级绕组。变压器初、次级绕组间并无电的联系，电能是怎样从初级绕组送到次级绕组的呢？

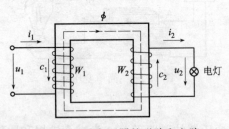

图 12-1-10　变压器的磁路和电路

当初级线圈 W_1 接入正弦交流电压 u_1 时,初级线圈中便有交变的电流 i_1 通过,并产生励磁作用。从而在闭合的铁芯中产生正弦交变磁通,该磁通既与初级线圈交链,又与次级线圈交链,因而称为主磁通或工作磁通。根据电磁感应定律,当穿链线圈的磁通变化时,在线圈中要产生感应电动势,所以交变的主磁通在变压器初级线圈中产生自感电动势的同时,在次级线圈中也产生感应电动势。次级线圈中的感应电动势对负载而言相当于电源电动势,因而在次级线圈与灯泡连接的回路中产生了电流,使电灯发光,这就是变压器基本工作原理。

电焊变压器,例如对焊机中变压器,当电网输入一定视在功率时,根据 $S = UI$,输出电压 U 愈低,输出电流 I 愈大。也就是说,当次级绕组输出电压只有几伏时,焊接电流最高可以达到上千安(很难测定,只能计算)。点焊机中变压器也相似。

为了适应焊接不同直径的钢筋,需要调整焊接电流的大小,这就采用在初级绕组上设置多个抽头,利用抽头改变初级线圈中的匝数,改变次级电压。当次级电压愈低,焊接电流就愈大。改变抽头就是换档,就是改变变压器级数,改变初级线圈中匝数与次级线圈中匝数的比例,达到调整输出电压和焊接电流的目的。

对于弧焊变压器来说,如第六章第二节所述,还有多种调节焊接电流,产生电抗达到陡降外特性的不同构造。

第二节 焊接安全技术

焊接的安全及防护工作是十分重要的。每个焊工必须熟悉有关安全防护知识，自觉遵守安全操作规程，保证安全操作，不发生事故。

一、预防触电

电流通过人体对人产生程度不同的伤害，当电流超过0.05安时，就有生命危险。0.1安电流通过人体1秒钟就足以使人致命。通过人体电流的大小，决定于网路电压和人体电阻，人体电阻除自身电阻外还附加有衣服和鞋袜等电阻。如站在干燥的场地，穿着干燥的衣服和鞋就明显地增高人体的电阻；反之则使人体电阻降低。人在过度疲劳或神志不清的状态下，人体电阻也会下降。

在焊接工作中所用的设备大都采用380伏或220伏的网路电压，空载电压一般也在60伏以上。所以焊工首先要防止触电。特别是在阴雨天或潮湿的地方工作更要注意防护。预防触电的措施有以下几个方面：

1. 焊接中使用的各种设备，包括点焊机、对焊机、弧焊变压器、电渣压力焊机、埋弧压力焊机等机壳的接地必须良好。

2. 焊接设备的安装、修理和检查必须由电工进行。焊机在使用中发生故障，焊工应立即切断电源，通知电工检查修理。焊工不得随意拆修焊接设备。

3. 焊工推拉闸刀时，头部不要正对电闸，防止因短路造成的电弧火花烧伤面部，必要时应戴绝缘手套。

4. 电焊钳应有可靠的绝缘。焊接完毕后，电焊钳要放在可靠的地方，再切断电源。电焊钳的握柄必须是电木、橡胶、塑料等绝缘材料制成。

5. 焊接电缆必须绝缘良好，不要把电缆放在电弧附近或炽热的焊缝上,防止高温损坏绝缘层。电缆要避免碰撞磨损,防止破皮,有破损的地方应立即修好或更换。

6. 更换焊条时要戴好防护手套。夏天因天热出汗,工作服潮湿时注意不要靠在钢板上,避免触电。

7. 工作中当有人触电时,不要赤手拉触电者,应迅速切断电源。如触电者已处于昏迷状态,要立即施行人工呼吸,并尽快送医院抢救。

二、保护眼睛和皮肤

1. 闪光对焊时,要预防闪光飞溅物溅入眼睛,应戴防护眼镜。

2. 电弧焊时要预防电弧光的伤害。焊接电弧产生的紫外线对焊工的眼睛和皮肤具有较大的刺激性,稍不注意就容易引起电光性眼炎和皮肤灼伤。预防弧光的伤害应采取如下措施:

(1) 焊工必须使用带有电焊防护玻璃的面罩。面罩要轻便,形状合适,不导电、不导热、不透光。防护玻璃号码应按个人的具体情况及所使用的电流值大小进行选择。

(2) 焊接时焊工要穿白色帆布工作服,扣好钮扣,防止强烈的弧光灼伤皮肤。

(3) 电弧焊时要注意周围的工人,防止弧光伤害别人的眼睛。装配定位焊时,装配工和焊工要很好地配合,戴防护镜防止电光性眼炎。在人多的地方焊接,应使用屏风板挡住弧光。

(4) 焊工或其他人员发生电光性眼炎,可用冷敷减轻疼痛,并请医生诊治,注意休息,很快就会痊愈。

三、防止爆炸

1. 氧气瓶在安装减压器前应先开一瞬间瓶阀，吹掉气瓶口的脏物，同时防止灰尘杂物进入减压器。然后检查一下氧气瓶阀与减压器的联接螺纹规格是否相符，规格不符及螺纹损坏的不能安装减压器。

2. 氧气瓶与乙炔瓶所用减压器必须有高压表和低压表，表针要灵敏，能及时反映瓶内压力。

3. 氧化瓶与乙炔瓶的瓶口严禁接触油脂。当瓶口与减压器联接处有漏气现象，严禁用有油的搬手拧气瓶及减压器，也不允许用戴油手套操作，防止发生燃烧爆炸事故。

4. 氧气瓶和乙炔瓶使用前后应妥善安放，乙炔瓶不可倾倒卧放。搬运及使用中要避免撞击和振动气瓶，不要和可燃气体瓶放在一起。不要接触油脂和油污，露天作业时不要在阳光下曝晒，也不要放在高温热源附近，防止气瓶爆炸。

5. 气瓶阀与减压器有漏气现象，可用肥皂水检查，各种瓶阀、减压器有损坏或联接处漏气严重时应立即检修或更换。

6. 减压器装在气瓶上以后，应将减压器螺钉拧松再开气瓶阀，此时焊工应站在减压器的侧面，不要站在气瓶出口的正面，防止减压器飞出打伤，工作结束后先关气瓶阀，然后再把减压器螺钉拧松。

7. 氧气瓶和乙炔瓶搬运时，应将瓶口的保护帽装好，在取下瓶口保护帽时可用手或搬手拧下，禁止用金属锤敲击。

8. 冬期作业时，如气瓶阀或减压器冻结，可用热水及水蒸气加热解冻，严禁用火焰加热或用铁器猛击气瓶，更不能猛拧减压器的调节螺钉，防止气体大量冲出造成事故。

9. 氧气瓶应装有防震橡胶圈，气瓶应按规定刷上不同颜色以示区别。

10. 氧气瓶中的氧气不允许全部用完，应稍留一些剩余氧气。

11. 使用多嘴环管加热器、加压器胶管时，亦应谨慎操作，防止发生事故。

四、现场焊接安全

1. 搬动钢筋时，要小心谨慎，防止由于摔、跌、碰、撞，造成人身事故。同时要戴好手套，防止钢筋毛刺及棱角划伤皮肤。

2. 清除焊渣及铁锈、毛刺、飞溅物时，应戴好手套和保护眼镜，并注意周围工作的人，防止渣壳或飞溅物飞出，造成自己和他人损伤。

3. 焊工在拖拉焊接电缆、氧气和乙炔胶管时，要注意周围的环境条件，不要用力过猛，拉倒别人或摔伤自己，造成意外事故。

4. 焊工在高空作业时，应仔细观察焊接处下面有无人和易燃物，防止金属飞溅造成下面人员烫伤或发生火灾。

5. 氧气胶管、乙炔胶管、焊接电缆要固定好，勿背在肩上。高空作业，要系安全带。焊工用的焊条、清渣锤、钢丝刷、面罩要妥善安放，以免掉下伤人。

6. 钢筋焊接附近，不得堆放易燃、易爆物品。

第三节　焊接设备维护保养

焊接设备应经常维护保养，以确保正常使用和焊接安全。

一、防止雨淋曝晒

各种焊接设备均不宜雨淋和曝晒。电气设备一旦严重受潮，就会影响线路绝缘性能。各种气瓶若经曝晒，就会使瓶内压力升高。

二、保持整齐干净

各种焊接设备均应放置在合适场合；焊工下班时，应将设备、工具妥善放置，擦净，切断电源。

三、电气线路连接牢固

各项设备、控制箱、焊接夹钳之间的电气线路、电缆均应连接牢固。各个螺栓发现松动时，及时拧紧。

对于输入电源（220V、380V）要特别关注，一旦发现问题，由电工处理。

四、水路、气路和油路

很多焊接设备中设有水路、气路和油路，例如：对焊机有冷却水，气压焊机中有气路、油路，应经常检查管路本身有无破裂现象，各连接处有否漏水、漏气、漏油。一旦发现，及时更换或消除。

五、易损件、辅助设施和工具

焊接设备中有一些易损件，如电极。用久了，就会磨损，要及时修整或更换。辅助设施，如烘干焊条采用的烘箱，应小心使用。工具不要乱丢乱放，以免散失。

六、及时检修

发现焊接设备有异常现象,及时报告上级派员检修,以免影响焊接施工。

思 考 题

1. 你能说说电流是如何产生吗?
2. 什么叫欧姆定律?绘出一个最简单的电路示意图。
3. 工作中当有人触电时,该怎么办?
4. 如何防止电弧焊弧光对人体的伤害?
5. 当采用钢筋气压焊时,为了安全施工,结合工作体会有哪几点最为重要?
6. 做好焊接设备维护保养,要注意哪几点?

附录 A 纵向受力钢筋焊接接头检验批质量验收记录

钢筋闪光对焊接头检验批质量验收记录　　表 A-1

工程名称			验收部位			
施工单位			批号及批量			
施工执行标准名称及编号		钢筋焊接及验收规程 JGJ 18—2003	钢筋牌号及直径（mm）			
项目经理			施工班组组长			
主控项目	质量验收规程的规定			施工单位检查评定记录		监理（建设）单位验收记录
	1	接头试件拉伸试验	5.1.7 条			
	2	接头试件弯曲试验	5.1.8 条			
一般项目	质量验收规程的规定			施工单位检查评定记录			监理（建设）单位验收记录
				抽检数	合格数	不合格	
	1	接头处不得有横向裂纹	5.3.2 条				
	2	与电极接触处的钢筋表面不得有明显烧伤	5.3.2 条				
	3	接头处的弯折角 ≥3°	5.3.2 条				
	4	轴线偏移≥0.1钢筋直径，且≥2mm	5.3.2 条				
施工单位检查评定结果			项目专业质量检查员： 年　　月　　日			
监理（建设）单位验收结论			监理工程师（建设单位项目专业技术负责人）： 年　　月　　日			

注：1. 一般项目各小项检查评定不合格时，在小格内打×记号；
　　2. 本表由施工单位项目专业检查员填写，监理工程师（建设单位项目专业技术负责人）组织项目专业质量检查员等进行验收。

钢筋电弧焊接头检验批质量验收记录　　表 A-2

工程名称				验收部位			
施工单位				批号及批量			
施工执行标准名称及编号	钢筋焊接及验收规程 JGJ 18—2003			钢筋牌号及直径（mm）			
项目经理				施工班组组长			
主控项目	质量验收规程的规定			施工单位检查评定记录			监理（建设）单位验收记录
	1	接头试件拉伸试验	5.1.7条				
	质量验收规程的规定			施工单位检查评定记录			监理（建设）单位验收记录
				抽检数	合格数	不合格	
一般项目	1	焊缝表面应平整，不得有凹陷或焊瘤	5.4.2条				
	2	接头区域不得有肉眼可见的裂纹	5.4.2条				
	3	咬边深度、气孔、夹渣等缺陷允许值及接头尺寸允许偏差	表5.4.2				
	4	焊缝余高不得大于3mm	5.4.2条				
施工单位检查评定结果				项目专业质量检查员： 　　　　　　　　年　　月　　日			
监理（建设）单位验收结论				监理工程师（建设单位项目专业技术负责人）： 　　　　　　　　年　　月　　日			

注：1. 一般项目各小项检查评定不合格时，在小格内打×记号；
　　2. 本表由施工单位项目专业检查员填写，监理工程师（建设单位项目专业技术负责人）组织项目专业质量检查员等进行验收。

钢筋电渣压力焊接头检验批质量验收记录 表 A-3

工程名称			验收部位		
施工单位			批号及批量		
施工执行标准名称及编号	钢筋焊接及验收规程 JGJ 18—2003		钢筋牌号及直径（mm）		
项目经理			施工班组组长		

		质量验收规程的规定		施工单位检查评定记录	监理（建设）单位验收记录
主控项目	1	接头试件拉伸试验	5.1.7		

		质量验收规程的规定		施工单位检查评定记录			监理（建设）单位验收记录
				抽检数	合格数	不合格	
一般项目	1	四周焊包凸出钢筋表面的高度不得小于4mm	5.5.2条				
	2	钢筋与电极接触处无烧伤缺陷	5.5.2条				
	3	接头处的弯折角≯3°	5.5.2条				
	4	轴线偏移≯0.1钢筋直径，且≯2mm	5.5.2条				

施工单位检查评定结果	项目专业质量检查员： 　　　　　　年　　月　　日
监理（建设）单位验收结论	监理工程师（建设单位项目专业技术负责人）： 　　　　　　年　　月　　日

注：1. 一般项目各小项检查评定不合格时，在小格内打×记号；
　　2. 本表由施工单位项目专业检查员填写，监理工程师（建设单位项目专业技术负责人）组织项目专业质量检查员等进行验收。

钢筋气压焊接头检验批质量验收记录 表 A-4

工程名称			验收部位		
施工单位			批号及批量		
施工执行标准名称及编号	钢筋焊接及验收规程 JGJ 18—2003		钢筋牌号及直径（mm）		
项目经理			施工班组组长		

主控项目		质量验收规程的规定		施工单位检查评定记录		监理（建设）单位验收记录
	1	接头试件拉伸试验	5.1.7条			
	2	接头试件弯曲试验	5.1.8条			

		质量验收规程的规定		施工单位检查评定记录			监理（建设）单位验收记录
				抽查数	合格数	不合格	
一般项目	1	轴线偏移≥0.15钢筋直径,且≥4mm	5.6.2条				
	2	接头处的弯折角≥3°	5.6.2条				
	3	镦粗直径≮1.4钢筋直径	5.6.2条				
	4	镦粗长度≮1.0钢筋直径	5.6.2条				

施工单位检查评定结果	项目专业质量检查员： 年　月　日
监理（建设）单位验收结论	监理工程师（建设单位项目专业技术负责人）： 年　月　日

注：1. 一般项目各小项检查评定不合格时，在小格内打×记号；
2. 本表由施工单位项目专业检查员填写，监理工程师（建设单位项目专业技术负责人）组织项目专业质量检查员等进行验收。

附录 B 钢筋焊工考试合格证

塑料证套　　　　　　封面　　塑料证套　　　　封4

钢筋焊工考试

合

格

证

硬纸　　　　　　　　封2　　硬纸　　　　　　封3

钢筋　　焊

焊
工
考
试
合
格
证

简要说明
1. 此证只限本人使用，不得涂改。
2. 准许的操作范围限于考试的焊接方法、钢筋的牌号及直径范围之内。
3. 合格证的有效期为二年。

证芯　　　　　　　第1页

姓名		
性别		照片
出生年月		
籍贯		
工作单位		

合格证编号：
　发证单位：

（盖章）
　　年　月　日

证芯　　　　　　　第2页

理论知识考试：

操作技能考试：

试样编号	钢筋牌号及直径（mm）	拉伸试验（N/mm²）	剪切试验（N）	弯曲试验（90°）

考试委员会主任：
　　　　　　　年　月　日

证芯　　　　　　　第3页

复试签证		
日　期	内容说明	负责人签字

注：复试合格签证的有效期为二年。

证芯　　　　　　　第4页

焊接质量事故记录		
日期	质量事故内容	检验员

备注：

主要参考文献

1. 国家标准.钢筋混凝土用热轧带肋钢筋（GB 1499—1998）
2. 国家标准.钢筋混凝土用热轧光圆钢筋（GB 13013—91）
3. 国家标准.钢筋混凝土用余热处理钢筋（GB 13014—91）
4. 国家标准.低碳钢热轧圆盘条（GB/T 701—1997）
5. 行业标准.钢筋焊接及验收规程（JGJ 18—2003）
6. 吴成材，杨熊川，王金平等.钢筋连接技术手册（第2版）.北京：中国建筑工业出版社，2005
7. 梁桂芳主编.切割技术手册.北京：机械工业出版社，1997
8. 陕西省建筑工程局《手工电弧焊接》编写组.手工电弧焊接.西安：陕西人民出版社，1976